Nikolaus B.Enkelmann
［德］尼古拉斯·B·恩格尔曼一著
王景楠一译

北京联合出版公司
Beijing United Publishing Co.,Ltd.

图书在版编目（CIP）数据

乐观的人最坚强 /（德）恩格尔曼著 ；王景楠译． — 北京：北京联合出版公司，2014.11
ISBN 978-7-5502-3335-5

Ⅰ．①乐… Ⅱ．①恩… ②王… Ⅲ．①成功心理－通俗读物 Ⅳ．①B848.4-49

中国版本图书馆CIP数据核字（2014）第162246号

北京市版权局著作权合同登记号：图字01-2014-4288号

Published in its Original Edition with the title
Optimismus ist Pflicht! : Wie wir mit der richtigen Lebenseinstellung mehr erreichen
By GABAL Verlag

乐观的人最坚强
作　　者：(德)尼古拉斯·B·恩格尔曼
译　　者：王景楠
责任编辑：安　庆
封面设计：颜森设计

北京联合出版公司出版
（北京市西城区德外大街83号楼9层 100088）
三河市祥达印刷包装有限公司印刷　　新华书店经销
字数135千字　　710毫米×1000毫米　1/16　　印张14.5
2014年11月第1版　　2014年11月第1次印刷

ISBN 978-7-5502-3335-5
定价：35.00元

前言

亲爱的读者：

能够在生活中取得成功的人必定抱有乐观的生活态度。因为悲观主义者每天都在给自己设置前进的障碍；乐观主义者更容易取得成功并且保持这一成功，而且只有乐观主义者才能享受到成功带来的喜悦与幸福。通过本书，我们可以向你展示乐观主义者之所以能成功的原因，并且告诉你怎样才能成为那样的人。

人们总是说“知识就是力量”，然而这句话究竟对不对呢？难道说只要拥有了知识我们的世界和我们的日常生活就能得以改变吗？在你生病的时候，仅仅阅读药品说明书是无济于事的，你还必须吞下药丸才能获得期待中的药效。

本书是你通往成功之路最有价值的行动指南，但还需要你积极配合才行！我们将向你阐述激活自身知识和能力的方法，并且告诉你如何保持乐观的心态并最终获得成功。书中的许多训练方案都把激发读者的潜意识并将其扩展到意识层面作为目标，高强度的训练方案能够自发地改变你的行为方式，并使你成功的概率最大化。

我们特别强调了书中的一些重点环节，你应该把那些对自己来说重要的陈述都当作至理名言加以利用。在每一章的末尾我们都总结出了三个要点，即“三颗钻石”。这些思想与认识应该牢牢地镌刻在你的记忆之中。

请你务必积极地参与其中，把那些对你而言极具意义的地方标记出来。你可以通过自己做标记，将这些内容更好地保留在记忆之中，并使其发挥出作用。请你把想要利用和实现的部分立即记录下来。本书不仅是你生活中的陪伴者，同时还能充当你个人发展的试金石。通过应用本书提供的有效方法，你可以在接下来的时间里学习到“乐观主义者的成功法则”，这些法则将成为你日常生活中最得力的助手。

对幸福与成功的认识和对人性的洞察一样古老，现如今它已经被最新的心理学研究所证实。我们为你准备的正是关于这一方面的知识，你可以在日常生活中立即应用到它们，成功也因此不需你苦苦等待就能到来。

从康拉德·阿登纳身上，我学会了为了达到目的就必须尽量使事物变得简单的道理。许多人都倾向于把本来简单的事情复杂化，这样一来，事情变得越发复杂了，人们也因而几乎丧失了把握它们的勇气。如果观察一下大自然，我们就能发现，即便是一个简单的开始也能变得伟大。我并不清楚世上是否存在着奇迹，然而对我个人来说，最大的奇迹莫过于看到一粒小小的橡果种子成长为一棵参天橡树。请你学着把事情简单化，这样就可以把注意力集中到核心部位，持续地成长与发展，进而登上顶峰并发挥最大的力量取得成功。这一切终将到来，作为一名乐观主义者，请你一定要相信大自然的法则。

我们在书中通过使用以下标志，以便达到突出和强调的效果：

训练：各种主题的高强度训练激发你的潜意识并支持你保持乐观态度。

重点陈述：用阴阳标签标记重要的句子，请你牢牢记住这些句子并将其作为至理名言加以利用。

三颗钻石：对章节中最重要内容的回顾。

目录

导论

第一章 一个愿望的惊人力量

第二章 珍惜时间，管理时间

第三章 积极进取：点燃激情的火焰

第四章　你做好全力以赴的准备了吗?

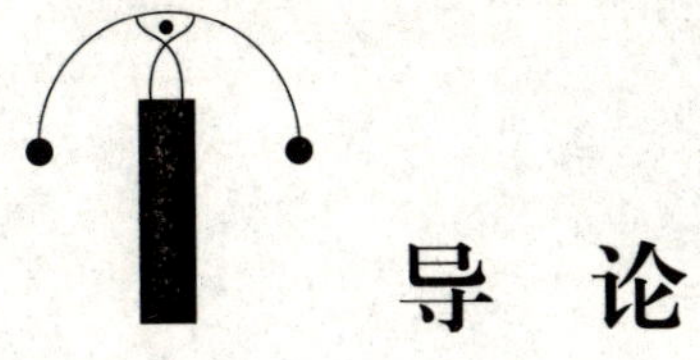

导 论

“与悲观主义者一样，乐观主义者也只进行片面性思考，他们不过是去体验那更加快乐的一面。”

——查理·李维尔

恩格尔曼的乐观哲学

你是否相信，……

自己在精神上具有能量储备？

失败会减少自己的寿命？

自己能让伴侣拥有幸福感和成功感？

自己能够磨炼并增强自身的意志力？

自己身上的问题能够影响到周围的人？

人们能够学会积极地影响他人？

自己能积极地规划未来？

人们能学会领导艺术？

自己的孩子需要正面的榜样？

人们能够学会如何变得更加成功？

如果你对以上大部分问题都能给予肯定的回答，那么尼古拉斯·B·恩格尔曼就是对你来说再合适不过的指导者了。要是你都以“不”来作答的话，现在就是你熟悉恩格尔曼成功学方法的最佳时机。

尼古拉斯·B·恩格尔曼是德国最为成功的个人发展学培训师。他已经出版了60本著作，制作了40多部辅导性的讲座磁带，并因此而声名远播。恩格尔曼还参与了许多由RTL和ZDF策划的广播电视节目，其理论的出发点可以被陈述为：成功使自身得以实现。也就是说，只要激发出自身积极的能量，生活的道路与目的地就总是能被确定并得以实现。

恩格尔曼的哲学思想可以归纳如下：

生活中的成功是我们思考的结果。

最先接受其精神培训法的是德国高山滑雪女子国家队以及奥地利跳台滑雪奥运代表队，最终都获得了金牌并取得了极大的成功。恩格尔曼不但负责培训许多知名企业的员工、顶级经理人、医生、运动员等不同职业的工作人员，还对家庭主妇、大学生和中学生进行训练。其课程的核心目标就是培养内心平和且富有自我意识的个人，帮助他们成功地规划自己的未来，并因而得以回馈社会。

所有人在生活中都需要成功。成功只不过是生活的另一个代名词。

这位激励者和培训师正是用以上这句话帮助那些参加培训活动的学员。恩格尔曼懂得如何吸引听众，他首先能够最大程度地激发他们的潜能。越来越多的人接受了他的指导：每一个人都能在明天成为某一类人，即便他今天尚且不是。通往生活与职业的成功之路对所有人都是开放的。每一个个体都能鼓起勇气为自身做好定位，优化外在行为并因而拥有一份充实满足的生活。这一切的前提条件都在于人们自身，人们所需要做的仅仅是将其激发出来。

恩格尔曼以一种令人印象深刻的方式处理人性的根本问题，那就是与生活的意义以及获得成功的条件相关的问题。增强听众达成愿望的能力是其理论的起始点，因为一个人越是热爱自己的愿望和目标，他就能越快地达成它们。一个既缺乏目标又不规划未来的人终将一事无成。而反过来，一个充分了解自身的人却能迅速发觉自己完全拥有将最大目标变为现实的能力。

恩格尔曼的主要任务是唤醒众人。他了解学员焦虑的心情和热切的愿望，也因而赢得了他们的信任。他还能运用杰出的修辞手法将大众引入其理论的“魔力”之中。培训课上那一双双明亮的眼睛以及从前学员所取得的巨大成功都能使这一切得到证明。

正因为如此，恩格尔曼的讲座、培训课程以及著作毫无疑问不是为以下人群准备的：

· 准备荒废自己的理念与思想的人
· 喜欢发牢骚而且没有敌人就活不下去的人
· 认为自己无用而且决定一直保持现状的人
· 贫穷且希望一直保持现状的人
· 只要什么都不做就感到最幸福的人
· 习惯于当倒霉蛋而不想得到幸福的人
· 完全没有节制且满足于无创造力的生活的人
· 只想当生活之看客的人
· 喜欢对问题诉苦而乞求他人同情的人
· 整天忧心忡忡、焦虑发抖的人
· 想要勤奋努力工作，却不奢望取得成功的人

以上人群也许应该考虑与恩格尔曼保持一定的距离，因为恩格尔曼的观念和方法是引导人们热爱生活，以愉悦的心情和高度的责任感为自己做出规划，并最终成为更加幸福的人。

恩格尔曼释放出自己的激情并将其继续传递给听众。当人们在若干天后离开培训班的时候，所有人都将变得更具有自我意识，并且更为乐观。因为他们知道，在内心平和且目标明确的情况下，他们必将踏上一条崭新的成功之路。

恩格尔曼给予人们信心与信仰，他帮助人们鼓起勇气去追求一切愿望和超越常规的梦想，并将其变为现实。

把困难当成一种机遇

人类的记忆力为何会如此糟糕?

危机，即政治的、经济的和个人的危机，它一直都存在着。当一种自然的革新归于沉寂的时候，危机就会出现。因为所谓革新，也即进一步的发展，是一种自然的原理。一切具有生命力的生物都在成长，然而这一成长进程却屡屡遭到阻碍。

“一切都很好，我们为什么非要改变不可？”“我们不是已经赢得选举了嘛！”诸如此类的借口到处都能听到，也许命运真该动用危机好好警醒我们一下，而正是这种警醒能够开启一次全新的创造性进程。

赫拉克利特曾经说过：“一切都在流动，一切都在变化，唯有变化本身不变。”

世界在过去十年间的变化比之前一百年的变化都要大。一切都处于变动不居之中，不变的只有变化这条法则本身。

人们也许能惊奇地发现，一个人能够相信他想要相信的事物。然而遗憾的是，人们通常既不相信自己身上蕴藏着的能量，也不相信自身拥有的潜能。只要鼓起勇气相信自己，人类就能变得更加有天赋而且更能干。人能够比自己想象的更具能力，我们可以从数以千计的人物生平中了解到这一点。

最近，所有人都在谈论危机，大多数舆论媒体都对未来做出了一种悲观式的论断。这种悲观主义难道真的是我们未来的必由之路吗？悲观主义的条条框框已经在此期间固化在了许多人的头脑之中，并进而变成了一种消极且死气沉沉的信念。

我们是否已经到达了成长的边界？生活意味着年老事物的逝去和新事物的出现。在经济生活的领域里，我们也能观察到同样的情况。经济行为也和个人行为一样包含着两种可能性：要么让过去已取得的成功渐渐消失，要么就让它继续延续下去并且不断更新。我们切不可忘记存在于这一关系中的那条公理：停滞不前就是倒退。

无论何时，巨大的危机总是伴随有积极和消极的案例。一些企业申请破产，而与此同时另一些企业却赢得了数以百万计的销售业绩。有的企业对另外的企业不满，有的则对其他企业的建设产生了一定作用。我们的思考源自对一个问题的探讨，那就是即便是在相同的前提条件下，为什么有的人或企业做得更好，有的却远不如其他人或其他企业？这是一种偶然，还是有计划使然？开始的时候总是先产生一个思想，随后而来的则是一种理念，最后才付诸行动。

我们知道医学上有一种安慰剂效应，也即期待效应。安慰剂看上去就像一片药片，但不含任何药效成分。安慰剂由医生随机分配。当病人对药物产生强烈需求的时候，他们在服用安慰剂后都感到病情有了好转。这其实是一种心理学效应。要是病人拥有消极期待的话，安慰剂就会产生一种破坏性的效果。

在芝加哥，人们组织了两个学生团体，他们要共同承担培育小白鼠的职责。第一组学生团体被告知，眼前的小白鼠是经过特别饲养的极其聪明的老鼠；而对第二组学生团体却说，这些老鼠的来源非常普通。4周后比较一下他们的培育成果。像预想中的一样，尽管这些小动物拥有相同的来源，第一组培养出的老鼠要比第二组更好一些。

许多年前我还曾讲过另外一个案例。一个法国人移民到了美国，并且在那里成立了一家法国葡萄酒商店。他的企业成长得非常迅速，很快就变得家喻户晓。到了商店成立25周年之际，他邀请了众多知名人士和记者一起参加一项纪念活动。这时，其中一位记者对他提出了一个问题："你在世界经济危机之时站稳脚跟建立了企业，并且将其发展壮大起来。请问你到底应用了一个什么样的成功学理论体系？""要是我告诉你答案的话，你一定会笑话我的，"那个法国人回答道，“刚到美国第一年的时候，我的英语水平十分有限，以至于无法读懂报纸，所以我对这次危机根本一无所知。”

一切事物通过观察都是充满生机的，但只要我们不去注意它们，它们也就不再是其所是了。只有那些我们加以关注的事物才有意义。我们现在应当更加强烈地关注那些积极的可能与机会，而不要把注意力过分集中在与危机相关的信息之上。

这种态度就能催生出乐观。乐观的意义在于，尽管会遭受挫折与失望却仍然抱有一切事物终将达到最好状态的坚定期待。因为乐观和希望一样，是一种良好的预测未来的标准。

“人们不会亲吻一位态度悲观的人。”马丁·泽利希曼教授如此说道。还有一些诸如此类的例子，比如说，虽然联邦政府只能制定出一些宏观框架，然而它们所体现出的态度，却能在一定程度上决定个人生活模式的建立，并且能影响人们抓住眼前机会的概率。

请你给出积极的回答：

我表现出乐观的一面，因为我……

我能够激励他人，因为我……

我能很好地记住别人的名字，因为我……

我与伴侣保持着良好的关系，因为我……

我的企业经营得十分成功，因为我……

我们提供顶级的产品与服务，因为我……

我的客户十分相信我的描述，因为我……

___

我拥有大批的客户群体，因为我……

___

如果用积极的态度去思考以上建议性的问题，你就能够激发出潜意识里具有创造性的那一部分，并创造全新的机遇和可能。

如果你总是一再地想保持积极的态度，新的力量自然而然就将发展出来。一个声音会在冥冥之中对你说：“请把危机当作一种机遇吧！”它属于那些立志于追求全新观念的人，属于那些有意识地寻求机遇并因而获得机遇的群体。也许你甚至可以成为一名有能力将问题变为幸运的心灵炼金术大师。

成功就是有很多钱吗?

对于成功你一定抱有许多想法。此时手握本书的事实已经证明了，你对取得个人成功这一方面很感兴趣。不过首先要解决的一个问题却是：成功到底是什么，它对我们的生活又有何意义？美国伟大的生活咨询师和“积极性思维方法”之父——诺曼·文森特·皮尔，曾经描述了一位成功者看上去应该是什么样子的：

“为了获得成功，人内心必须是条理分明、安静沉稳的。他不仅是一个能给人以安全感、心中富于哲理且性情谦和的人，还需要时时刻刻都满怀信心、拥有无所畏惧的态度才行。所有的条件都必须得到满足，一个都不能少。人们必须摆脱拘束，拥有乐于助人、悲天悯人、同情他人以及追求至善的品格。此外，人们还必须把所拥有的东西的一部分奉献出来，并将其作为自己的社会目标。简而言之，人们必须尝试让自己所接触到的一切事物和每一个人都变得更加美好。”

按照他的观点，生活中能否取得成功，关键取决于人们处理自己所拥有的精神财富与物质财富的方式和方法。一个人越是乐观，他就越是具有平静的心情和超凡的力量，并以此承受住获取成功所要经历的艰难时刻。

亲爱的读者们，对这样的人来说，成功到底意味着什么？请你花点时间回答以下的训练性题目！

训练：

请你再次阐述一下“成功”作为一个概念的含义。请你试着简明扼要地定义、解释你心目中所理解的“成功”：

____

____

____

____

____

请想一想你所认识的成功人士，都有谁进入了你的思绪之中呢？请你至少列举出五个人，并在下面写出，是哪些行为方式促使他们成功：

__________ 是成功的，因为 ____________________

你把哪些成绩或成果看作是个人成功的标志？

在过去几天或几周内，你在哪个领域里取得了成功？

你一定已经清楚地发现，成功并不是非得等同于金钱或物质财富。通过接下来的训练，大多数人都会了解到，在事业以及不同的生活领域中存在着更多形式的成功：对于某人来说，赢得比赛或者通过考试是一个巨大的成功；而对另外一个人来说，能够搬进属于自己的房子并为此感到骄傲就是成功。成功还有可能是竞拍到一幅名贵的画、与梦中情人结婚、在棘手的事情上应付自如、自行撰写纳税申报文件、学会弹吉他、有能力辅导孩子做作业、从水彩画课程中顺利毕业或者是每个月都省下几百欧元。以上所有事情以及更多的事情都能意味着成功!

30年来我一直致力于研究究竟是什么能让人类获得幸福和成功。在此期间，我曾与数以千计的成功人士进行交流，并与我们这个时代许多伟大的思想家共同研讨。我最终认识到，那伟大的智慧其实非常简单，而人们常常有将它忽视掉的危险。随着时间的推移，下面这一条认识逐渐成熟清晰起来：因为我们都生活在一个充满问题的世界里，所以给出以下定义：

成功是与解决问题、克服阻碍有关的艺术。

如果你花长时间关注这一思想，那么就将自然而然地面对一个问题：“我究竟是解决问题的人，还是制造问题的人？”你也许会进一步总结出这样的认识："我自己其实就是最大的问题。"

现在正是让你自己成为答案的一部分的最佳时机，你将为此学会如何主动地解决问题。

成功并非是只发生一次的事件，它也不是一种偶然，而是一个不断占领新领地的过程。诸如"一次性成功、总是成功"这样的话语是无法成立的。成功要求人们拥有持续不断的责任感和对想要达到的目标的坚持不懈的奋斗。

比尔·克林顿赢得了美国总统大选，这当然是一种成功。但他是否就因此一直成功下去？当然不，因为接下来的成功不但取决于他在面对目标时的热忱和责任感，还取决于他认识和解决困难与问题的能力。通过努力解决问题，人们在成长过程中获得了能力的提升，并最终达成目标。人类永远处于成功的中心位置，而这一点不仅需要他们运用能力、创造力、能量和意志来实现，还要通过彰显自身的成绩和热忱的能力来加以证明。

成功不是停滞不前，不是天上掉馅饼，也不是偶然，而是人一辈子成长历程的体现。

有许多关于成功的正面词汇，以下是一些例词：

榜样

真诚

荣誉

自身活力

全力以赴

理智

态度

干劲儿

精华

能量

施展

热情

决策

坚毅

发展

主动性

吸收力

灵光乍现

独一无二

经验

发明

补充说明

认识

体验

恍然大悟

机智

阶段

兴奋

进化

……

训练：

你肯定还能想到更多与成功有关的概念，请你把它们写下来并将这些“成功学词汇”牢牢记住。

____

____

____

____

____

成功对你来说不是偶然发生的，也不是随随便便就能达成的。你必须抱有积极的态度才行。我们所能做的是让你感受到此书能对你有所助益，并通过具体的建议和行动方案给你提供我们的宝贵经验，以便给你以支持。然而，你还是必须依靠自己才能将这些建议最终转变为现实，进而向着人生目标大步迈进。真正的成功只取决于你的行为和品格，还有更重要的是你的态度。你的决心就体现在其中：

我有解决问题的能力和意愿，也必将解决一切问题。我本身是答案的一部分，而不是问题的一部分。

· 成功就是问题已经得到了解决。

· 人永远处于成功的核心位置。

· 成功是与我的行为和态度有关的问题。

测试：你是一位乐观主义者吗

现在让我们来看一看获得成功的基本前提：乐观。我们论述的出发点是，只有保持乐观心态的人才能在生活中取得成功，而正是这些人有能力保持信心十足的生活态度并不断增强这种态度。没有任何人愿意一直作为悲观主义者生活。

你自然会问自己："我到底有多乐观呢？"或者你还会问："我是否还能（应该）增强自己的乐观心态？"你可以将以下测试当作一面镜子，并且依据测试结果对此做出评价。然而需要注意的是这一结果并非是最终判决，因为它能促使你下定决心对未来的人生道路进行规划。这本训练手册则可以帮助你做到这一点。

请你浏览下面这些描述，并对其是否符合你的实际情况立即做出回答。你回答问题越快，测试的结果就越准确可靠。

测试：你是一个乐观主义者吗？

你是通过什么样的眼睛来观察世界的？

	符合	不符合
大多数人对我很友善。	◯	◯
我对自己无法施加影响的事情（灾难、死亡、天气等）并不担忧。	◯	◯
与“不”相比，我更经常说“是”。	◯	◯
人们很难能让我丧失勇气。	◯	◯
我相信世上的善。	◯	◯
我不一定非得做到完美。	◯	◯
我能够开怀大笑。	◯	◯
我今天夸奖了自己。	◯	◯
我很少去想失败，而是更多地思考成功。	◯	◯
我常常情绪很好，而且精神振奋。	◯	◯
我能很好地集中精神。	◯	◯
我接受他人的恭维，并为此感到高兴。	◯	◯
我相信一切都将朝好的方向发展。	◯	◯
我感到精力旺盛、身体健康。	◯	◯
我运气不错，或者说我是一个幸运儿。	◯	◯
艰难险阻激发出我的斗志，我的意志非常坚强。	◯	◯
我的未来将变得美好。	◯	◯

（续表）

我能给予其他人勇气。	○	○
小小的不幸不会毁掉一整天。	○	○
我很少批评其他人。	○	○
我很勇敢。	○	○
我的成功是依靠自己获得的。	○	○
我有许多积极的品格。	○	○
我不会被眼前的障碍阻挡住。	○	○
我相信，成功是一条自然而然的发展之路。	○	○
成功不是一种偶然。	○	○
有许多事情是我第二天所期待的。	○	○
我很少抱怨。	○	○
我拥有对过去美好的回忆。	○	○
只要努力奋斗，我总是能够解决困难的问题。	○	○
我的朋友认为我是一个讨人喜欢、态度积极的人。	○	○
我能清楚地预料到经常会发生的事情。	○	○

评价：

请你数一数一共选择了多少个“符合”选项。

如果“符合”选项少于10个

恭喜！你手里这本书算是拿对了！你应该集中精神仔细通读本

书。我们并不知道你为什么会如此悲观，也许是在过去的一段时间里你经历了过多的失败，要不然就是父母无意中损害了你对这个世界的自信心，比如他们也许会说："一清早就唱歌的小鸟，晚上肯定会被猫捉住。"还有可能是你生活中的朋友起到了负面作用。不过，虽然无法改变过去，但你却有可能转变生活态度，使自己每一天都变得更加积极和乐观。

请你相信自己的能力并且信赖我们传授的经验与训练方案。获得一定认识是踏上积极的未来之路的第一步。你每一天都将获得一些或大或小的成功体验，它们可以促使你在很短的时间内成为一个乐观主义者。

如果"符合"选项的数目在11到24个之间

你选择的道路是正确的。你基本上拥有一份乐观积极的生活态度。但是，你偶尔也会受到其他人或是一些微小失败的影响而丧失掉勇气，情绪也会因而变得很差劲。你也许总（还）是无法获得一种确定的外在环境，其所提供的前提条件能使你做到最好。

无论如何都要积极乐观是你的基本信念，这一点可以通过我们的训练得到进一步强化。书中的训练方案能够给予你决定性的动力，使你变得更加自信，尤其是在充满批评和压力的环境下，你能通过对乐观态度的释放而赢得成功。你将从本书的训练冠军变成真正的成功学大师。

如果“符合”选项的数目多于24个

要是选择“符合”选项的多于24个，那就说明你已经是一个乐观主义者了。你懂得如何在所有的生活情境中找出积极性的一面。

你可以把本书看作是复习和强化的绝佳教材。请注意那些不引人注目的小技巧以及尤里卡效应，它们能对你积极的生活态度加以支持。如果你是一个在实际中不太爱表现出积极态度的人，也请运用你那有价值的人格特性去感染和激励其他人。这将使你的成功更上一层楼，而他人也因此会对你更加热爱与钦佩。

乐观的人看起来是什么样子的

前面几页里我们一直提到“乐观”这一概念，但却没有对如何理解它加以说明。下面让我们一起来探讨一下这个概念吧。

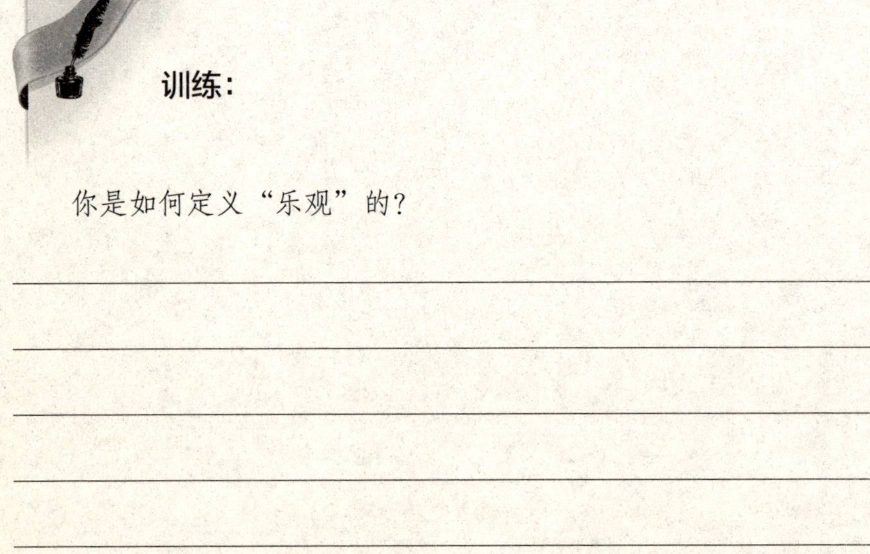

训练：

你是如何定义“乐观”的？

乐观的人看起来是什么样子的?

你认识乐观的人吗?你在他(她)身上的哪些地方发现了乐观?

你也许会发现,给一个如此稀松平常的概念下定义并且画出意义界限,并不是一件容易的事。“乐观主义”这一概念甚至在许多专业词典和参考材料里没有被收入。在《迈耶大百科口袋书词典》中我们找到了如下定义:

“乐观主义是一个与悲观主义、怀疑主义和虚无主义相反或不同的概念。它是一种通过对世界和生命，对人类功绩和发展的可能，对文化与历史的进步以及对自由与乌托邦的实现，做出积极和肯定性的判断与评价，而树立起来的基本观念。它将业已存在于世的美好作为出发点，或建立在对进步可能性设想的基础之上。”

《克罗纳哲学词典》给出的定义是：

“乐观是一种与悲观相反的生命观或情绪类型，它促使人们理解把握事物中好的那一面，并且期待一切事情都能拥有一个良好的结局。”

更加简洁生动的叙述是：

当手里的玻璃杯还剩半杯水时，这时的悲观主义者会宣称自己很悲伤，而乐观主义者却对此很高兴，因为他发现杯子里还有一半水。

在同一环境下，乐观主义者的行为方式也在本质上与悲观主义者不同。他们对这一相同环境的解释完全不同。当某事并非如原先预生活中的一切都是个态度问题。

乐观

悲观

生活中的一切都是个态度问题。

计和追求的那样进行时，这一点就能尤其显露出来。每一个人都会看到他想要看到的事物："每一个人都透过适于他眼睛的镜片来观察世界。"（古印度箴言）

悲观主义者将失败等同于一场灾难。他会从中丧失掉勇气并且准备为失败冥思苦想出一些个人理由，悲观主义者不是在其他人身上寻找过错，就是将责任归咎于自身能力的欠缺。他们经常对全部积极的观点置之不理，也很容易忽视早期获得的成功体验。

与之相反的是，乐观主义者能保证自己不会丧失冷静的态度。即便此时此刻还没有获得期望中的成功，这些小小的失败也仍然具有自身的意义，乐观主义者能从中学到一些东西或者能够预见到整个环境还会向着更好的方向转变。在这样一种乐观的生活态度中存在着一种人类最大的内在资源。一个乐观主义者总是为未来制订出计划和目标，他沉着冷静地期待着，即使目前并不是一切都能进展顺利。乐观主义者的格言是：

一切都会变好，一切都会更好。一扇大门关闭的地方，会有另一扇新的大门开启。

乐观主义者将自身的能力和行动的可能性看作积极的因素，他们相信生活可以按照他们的设想来加以塑造。

只有当大脑中思维运行的程序被成功地认识清楚，你才能懂得那些积极性思想的意义。你是否已经意识到了，你在同一时间内只能对一种思想进行思考？而且这种思想不是积极的就是消极的，不是建设性的就是毁灭性的，并不存在一种混合的形式。这就好比是怀孕：根本不可能有“半怀孕”这回事！

与之相似的是幻灯机：你能利用它看一张图片。这张图片不是漂亮的就是丑陋的，不是出现在你的周围就是出现在你的头顶上。关键之处在于你可以决定看哪一张图片，也可以选择图片主题以及安排播放顺序。相同的说法也同样适用于思想领域中：一旦你拥有了某些积极的思想，那些沮丧的假设和胡思乱想就不可能再有立足之地。不过，即便如此，以下的情况还是有可能发生的，即某事在某一时间会走下坡路，而“思想幻灯片”也正好出现在头顶因而不便于看到。然而，只要行动的主旨已经得到了确定，事情就不会继续糟糕下去：它们总是能转变到正确的方向。

你能够利用积极的态度，将眼光自发地聚集到崭新的机遇和生命中美好的那一面上，还可以保持着对成功莫大的期盼。你信任自身的能力，并且相信自己全力以赴的努力将会得到回报：“如果我全力以赴地努力，那么一切都能朝着好的方向发展。”

一条悲观的基本观念反而让你很快失去行动的能力：

·悲观主义者的思考和演讲都表现得十分消极，直到其可怕的负面结果真的成为了现实（自行实现的预言）。

·负面结果将被夸大并当作个人的失败。悲观主义者把许多事情都归结为偶然现象，他们认为自己不会对历史产生影响力。

·负面的思想能产生诸如无助感、焦虑这样的负面情绪，它们能够导致长期抑郁，甚至是免疫系统衰弱。

·悲观主义者最终再也无法表现出行动力与热忱，而这些对于一个人能否满怀能量和信心开展下一阶段任务至关重要。

悲观主义者对自己、他人以及对整个世界都报以消极的态度。他既不相信自己，也不相信他人，更不相信存在一个美好的未来。这一切自然能对社会成员产生影响：悲观是不受欢迎的。马丁·塞利格曼是这一领域著名的研究人员，他的一篇文章的标题——“人们不亲吻悲观主义者”正好切中了主题。悲观主义者并不那么讨人喜欢，就像他们所表现出来的一样，人们觉得与他们在一起共度时间是毫无乐趣可言的。喜欢他们对你来说也不是件轻松的事情。因为他们既不喜欢自己也不喜欢他人。为了获取成功，除了计划、目标和坚定的信念外，还需要对个人力量和能力给予赞美性的估计，而不是进行悲观性的论述！

你可以通过微笑和快乐将一个乐观主义者立即辨认出来。乐观主义者对自己无法施加影响的事物并不担心，他会转而去思考哪些地方还能比上一次做得更好。小小的失败不但不会吓退他，反而能激励他继续奋斗。在一个看似毫无希望的环境下，乐观主义者仍然具备设想理想和完美之事的能力，并且将其作为目标去追寻：

乐观主义者是生活大师！

希望、自信和持之以恒是其行为的推动力。积极的思想引导着积极的行为，并最终导致相应的成功。

丹尼尔·戈尔曼在其著作《情商》里证实了我们的成功哲学。他写道：

“乐观意味着，一个人如同他希望的那样拥有某种坚定的期待，那便是，即便存在挫折与失望，一切仍会向最好的方向发展。从情商的角度来看，乐观就是一种姿态，人们有必要保留这种姿态，以避免自己跌落到麻木、绝望和抑郁等充满困难的深渊中去。乐观在生活中支付的数量与投入的希望正好等量。”

（戈尔曼，1996，第117页）

训练：

你现在如何定义“乐观”？

一个乐观主义者最重要的品质有哪些？

你本人具备其中的哪些品质？

从今天开始你想要增强哪些乐观的品质?

____

____

____

____

上天提供给我们的机遇比我们所能抓住的要多得多。你自己发现有哪些机遇?

____

____

____

____

____

·一切都将变得好起来,因为一扇大门关闭的地方会有另一扇新的大门开启。

·人们只能在同一时间内对一种思想进行思考,而这种思想究竟是积极的还是消极的是由我本人来决定的。

·乐观主义者既是生活大师,又是辨识机遇大师。

亘古未变的人生智慧

在世界上，一切关于智慧的学说以及任何时期的哲学与心理学流派里，都存在着一些行为方法和行动指南，这些方法和指南展示出了一点，即人类有能力利用自我意识成功地塑造自身的生活。积极的思想并非是我们这个时代的产物，其根源可以追溯到伊壁鸠鲁学派那里。你可以在柏拉图、马可·奥勒留、斯宾诺莎和佛陀的学说里找到与成功有关的战略，也同样能在康德、歌德、埃米尔·库埃或诺曼·文森特·皮尔以及奥斯卡·谢尔巴赫的理论里，多多少少找到一些成功学的痕迹。

从这些思想史上伟大人物的学说出发，随着时间的推移，逐渐形成了“成功哲学”领域中的十四条法则。这些法则在日常生活和课堂中都一再地得到了证实。正因为如此，我在本书中又将其称为“生活的基本法则”，也称其为“乐观主义者的成功法则”。

请你集中精神通读这十四条法则，并且争取逐一背诵下来。一旦你彻底掌握了这些法则，它们就能成为你的精神财富并将其效应扩展到你的潜意识里。在本书的进程中，我会逐条证明这些法则并对其做出进一步的详细解释。

十四条生活法则：

1. 只有人类有能力运用自我意识进行思考、规划和建设，也只有人类能够依靠自己的力量对命运和未来施加有针对性的影响。

2. 每一次的行动在开始时都有一种观念与之相对应，此时只有思想是切实存在的。

3. 一种思想不是在潜意识层面里自主地发展，就是会受到人类自身或外界环境的影响。

4. 潜意识是生活的建筑工地、灵魂的工作场所，它具有将每一种思想变为现实的倾向。

5. 再小的思想火花也能燃烧成熊熊烈火。

6. 一切成长中的事物都需要营养。思想的养分就是专注。

7. 有意识或下意识的专注都是一种对生命能量的凝结。

8. 是感觉点燃了智慧，而不是智慧触发了感觉。

9. 感觉能够下意识但却有力地控制并强化精神的专注程度。

10. 有针对性的决策能将注意力引导到每一个被选取的焦点之上。

11. 重视能产生某种程度的强化；不重视则能产生某种程度的解脱。

12. 赞同可以激发出力量，而拒绝则毁灭生活的动力。

13. 持续重复某一观点可以首先使信仰得以树立，然后再形成具体的信念。当然，这些信仰和信念也可能是消极的。

14. 信仰引发行为。专注导致成功。重复能使技艺精湛。

一个愿望要怎样才能照进现实?

以下四个概念就是下面几章的中心内容。隐藏在这些概念背后的是四个巨大且有决定性意义的步骤，这也是你获取成功所必然要经过的步骤。它们既适用于私人生活领域，也适用于职业领域，它们不但符合对短期项目进行实施的要求，而且还是让你在未来十年内拥有幸福和满意生活的必然过程。

愿望：

你想做出的每一种行为和想要达到的每一个目标都以某种思想，即某个内在的愿望作为前提条件。然而，真正恰当的愿望是需要通过学习才能形成的：一个了解自己的人能够认识到自己的愿望并且衷心拥护着它。乐观主义者并不将问题和忧虑挂在嘴边，而是时刻面对着他的目标和梦想，他永远对愿望保持一种敞开的状态。

重要的是，他的愿望将转变成为目标，这一点能唤醒他充实自身的力量。这就是成功之路上的第一个步骤。

计划：

第二个步骤是计划：其内容包括：谁？——怎样？——什么？——哪里？——何时？——为什么？这也就是说，你能够（应该）具体做些什么来达成目标？你想要做些什么？你又将要做些什么？一个了解自身愿望的人能够对未来产生一个清晰的愿景。与其相反的是，如果某个人迷失了方向，那他不是陷入到兜圈子的境地之中，就是会误入歧途。请你规划出自己的成功，由我们负责向你展示如何规划。

积极进取：

接下来，为了将计划转化为实际行动，进而一步步向前迈进并不断接近目标，你需要鼓起勇气、振奋精神并且满怀信心。你需要信任自己，相信自己的力量，也相信未来。“勇于进取之人终将获胜！”在你积极行动的那一刻，你就已经依靠一己之力塑造了自己的命运和未来！

胜利：

每个人都能以持之以恒的责任感开创一项事业，并最终成为该领域的大师与胜利者。因为成功并非一种静止的状态，而是一个动态的过程。想要成为第一名并且保持下去，需要人们做到全力以赴。虽然这并不是一件轻而易举的事情，但是热爱目标之人必然会忠实于他的道路并取得最后的胜利。

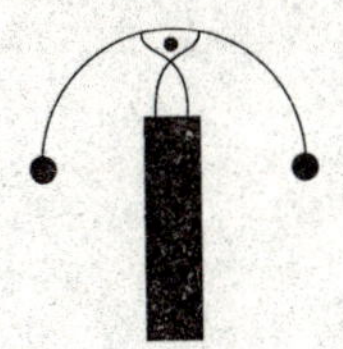

第一章
一个愿望的惊人力量

“生活永远提供给我们机会，它能够使一个人——即便他目前还不是——成为他想要成为、能够成为也应该成为的那种人。”

——伊丽莎白·卢卡斯

思想造就我们的现实

世上一切现存的观点、计划和愿望都源自于思想，这一说法既适用于积极的情况，也适用于消极的情况：我们的思想造就了我们的现实，某一事物在实际存在之前，就已经出现在我们的头脑之中了。

这就是第二条生活基本法则所要告诉我们的：

每一次的行动在开始时都有一种观念与之相对应，此时只有思想是切实存在的。

而其第三条法则是：

一种思想不是在潜意识层面里自主地发展，就是会受到人类自身或外界环境的影响。

这一点在人身上是不证自明的：未来的潜能就存在于头脑之中。思想是最强大的动力，因而更应该小心谨慎地对待它们；积极的思想创造积极的未来，反过来也是如此。命运被愿望或担忧这两种力量所操控，关键在于什么样的思想在我们身上占据了优势地位。如果能觉察到思想中所蕴含的幸福，那么我们就真的能够获得幸福；如果某种设想中充满了苦难与痛苦，我们也能很快地感受到它们。

你也许能迅速理解这条具有自我兑现性质的法则。它延伸并涵盖一切积极和消极的信念。然而，你知道这一法则在日常生活中被运用得多么频繁吗？又有多少存在于思想之中的信念在潜移默化地发挥作用？我们根本无法感觉到这些信念，更谈不上对其进行发问质疑了。现在请你检验一下，下列思考模式对你来说是否熟悉。

- “又走下坡路了！”
- “要是我有更多时间的话……（我还能做……）”
- “这很适合我！”
- “他/她能做得比我好。”
- “我已经做到了！”
- “我永远也做不到！”等等。

你对这些模式是否都很清楚呢?

训练:

请你接下来审视一下自己的思想，并把自己身上所发现的那些信念记录下来:

生活基本法则之第四条：

潜意识是生活的建筑工地、灵魂的工作场所，它具有将每一种思想变为现实的倾向。

正因为如此，我们更应该小心谨慎地对待自己的思想，这一点是极其重要的：思想是一种强大的力量，我们能够凭借它来竭尽全力地争取幸福与安康！如果我们每一天都在思考如何满足自身愿望、如何达成目标并获取成功的话，我们就向着那些目标的方向施加了一股巨大的推动力。反过来说，我们应该尽快地用积极乐观的思想代替消极无能的信念。由此，上文提到的例子也可以这样来理解：

·“又走下坡路了”被“这次将会发生逆转”所替代。

·“要是我有更多时间的话……（我还能做……）”替换成“我尽可能合理地分配时间”。

·“这很适合我”是一种积极的态度。

·“他/她能做得比我好”替换成“我将全力以赴做到最好”。

·“我已经做到了”这一状态需要保持下去。

·“我永远也做不到”替换成“我要去试一试，它会出现转机的”。

训练：

在上一次的训练任务中，你是否已经发现了某些负面陈述句？现在到了将其转述为积极性建议的时候了：请你使用崭新乐观的句式代替那些老旧悲观的思想！

我们应该把这些乐观的陈述转变为现实。请你描述一下自己想要拥有的态度（例如“这次将会发生逆转”）。对愿望进行表述可以使你充分运用思想所带来的力量，也就是说，运用那些能自我兑现的力量！这一点无论对于微小的愿望还是宏大的愿望都是一样的。它同样适用于包括运输业和房屋建筑业在内的各行各业。

我们在生活中到底具有哪些愿望呢？世界上最古老的愿望就是追求幸福。孩子们总是拥有一大堆的愿望，他们会按照“重要”或“不重要”，“可能”或“不可能”以及“物质的”或“精神的”等诸如此类的标准对愿望进行分类。孩子们能充分调动想象力并轻而易举地产生愿望。当孩子们写圣诞心愿的时候，这一点就可以被清楚地观察到。我的女儿正在上一年级，下面的例子显示出了她的愿望：

· 一个带有彩色魔法笔的新书包
· 不再做噩梦
· 逗一只小猫或者小狗玩，而且最好是两者都养
· 头发长得更快一点儿
· 在下一场足球比赛里猜中两球
· 到奶奶家住四个礼拜，而且每天都能做煎饼
· 一只属于自己的帆船

你当然清楚这些愿望不可能一次性都得到满足。然而，她却能通过提出所有这些愿望而获得某种程度上的快乐。我们成年人也能像孩子们一样，通过在内心产生愿望而使自己变得心情愉快和精神振奋。

每一份愿望都代表着一种思想。一个人的身上不仅存在着深深根植于生命与成长的动态力量，还潜藏着面向一切发展的可能性。因此，每一份愿望里面都蕴含着能使自身需求得到满足的力量，这就是所谓的愿望力。一份愿望能释放出明显的能量：它激励并促使自己转变成为现实。每一份愿望中都蕴藏着有朝一日能实现的种子。所有愿望，无论其是现实主义的还是乌托邦的，都是十分重要的。请你好好地审视一下自己并努力找寻内心的愿望！请熟悉你的愿望并且敢于拥有伟大的愿望！

你了解自己的愿望吗？

训练：

请你利用一周的时间，每天花15分钟记录下你所想到的所有愿望。这么做与是否能实现愿望以及何时实现愿望均无关，重要的只是你此时此刻的愿望是什么。请你把一切社会规范都放到一边，自由自在地展开想象力。

____

____

____

____

____

愿望指引出我们前方的道路。我们所愿望之事必然能够达成。

愿望就是你内心的财富，其中蕴含着通向未来的力量与能量！没有什么东西比一个人的愿望更加具有个人化的性质。每一份已知的愿望都在致力于创造自我实现的可能性，并能获得潜意识的大力支持。

如果我们真的拥有了某一愿望，就必然会相信它在某一天能变为现实。这样一来，一股干劲儿便会油然而生。至于如何通过愿望来树立正确的目标，我们将在接下来的一章里再为你展示。

· 思想就是力量。

· 人们有能力达成愿望。

· 愿望是人内心中的财富。

你的愿望够清晰吗

世界上存在着各种各样的愿望。对我们一般人来说，存在着重要和不重要的、有价值和无价值的愿望，还有与职业和私人生活相关的愿望，以及自私和无私的愿望，这些愿望可以分为追求幸福、追求财富、追求认同感、追求爱和追求安全感等不同类型。弄清楚究竟什么才是我们真正的愿望，这一点是十分重要的。我们常常能够更好地知道周围之人的意愿，或是能了解到我们的伴侣、孩子、同事、邻居和朋友的愿望。然而，只有那些明确知道自己想要什么的人，才能在自己身上挖掘出伟大的品格。也只有那些真正拥有目标的人，才会去增强自身的意志力以便为达成目标而努力奋斗。一个缺乏坚定意志力的人终将一事无成。席勒曾对此恰如其分地说过："正是意志使得一个人时而伟大时而渺小。"

个人愿望得不到满足之人，其生活也就自然不会有什么幸福可言。愿望能帮助你调整行动的指南，它能向你展示出目标并在不知不觉中操控你的行为。个人头脑中对愿望的设想是你最为宝贵的财富，它们就是你面向未来的资本！每个人都需要设置愿望和目标，并用一生的时间对其不断更新。

第十一条生活基本法则是：

重视能产生某种程度的强化；不重视则能产生某种程度的解脱。

请你一再地重视自己的愿望，强化后的愿望将转变为具有乐观前景的目标！

你已经绘制了一个愿望列表，现在就请再看一看那个列表。

训练:

请你把愿望按照以下范围进行分类:

职业方面的愿望:

______

______

______

私人生活方面的愿望:

______

______

______

健康方面的愿望:

______

______

______

文化方面的愿望(爱好,业余时间):

____

____

____

友谊方面的愿望：

____

____

____

第二步你应该区分重要和不重要的愿望。因为如果你一下子追求过多的愿望，就将一个都无法达成。

意志力是愿望集中的表现，而意志薄弱则是愿望涣散的结果。你在同一时间追求的愿望越少，其实现的可能性就越大。因此你要清楚地知道，什么愿望对你来说真的重要。这一点需要由你自已来抉择。通过将精神集中在本质之上可以强化愿望并使实现愿望的力度得到增强。

威廉·皮特曾说："如果我已经得到了如此多的东西，那只是说明我在同一时间里只想拥有其中的一件。"

请你将思考的力量集中在少数但却有意义的几件事物之上，接下来与乐观有关的第五条法则将自动呈现出来：

再小的思想火花也能燃烧成熊熊烈火。

训练：

请你从下面给定的每一个领域中选择一个最重要的愿望。

职业领域：

____

____

____

私人生活领域：

____

____

____

健康领域：

____

____

____

文化领域：

____

____

____

与友谊有关的领域：

____

____

____

请你思考一下以上的每一份愿望并回答下面的问题：

如果这一愿望得以实现，我的生活看起来会是什么样子的？

为了满足这一愿望，我应该采取什么措施？

如果愿望能够实现，我和他人能从中收获到什么？

这一愿望与列表中的其他愿望是否有所联系？

实现这一愿望时可能会发生什么事情？

这一愿望是否会伤害到自己或他人？

为了让愿望成为现实，我必须具体做些什么？

一份愿望越是能通过以上问题被清晰具体地建构起来，乐观与信仰就越能在你身上更好地发展壮大，而这些乐观与信仰有助于你的愿望在有朝一日得以实现。这样一来，愿望就转变为了目标！目标源自你的内心深处，是你主动追求的对象。虽然你身边的人，包括家长、朋友、孩子或邻居可以和你一起对其进行讨论，或者是就此给你提供良好的建议，然而最根本的愿望和目标必须是源自你内心才行。

“如果你确实有意于某事，即便那是童话都会成真。”

——西奥多·赫茨尔

在经常为你贡献目标的思考力之火焰的照耀下，你将拥有超越一般的行动力。当一种思想面向个人目标时，它也将成为最强大的推动力。我们不可能为他人之目标而努力奋斗，也不可能为了一位朋友的缘故去实现那些来源于我们自身的愿望。人们常说："每一个人都在铸就属于自己的幸福。"他们这句话是完全正确的！

· 愿望为我们指引出前方的道路——请你坚守自己的愿望。

· 被清晰而具体地建构出的愿望将转变成为目标。

· 如果你确实有意于某事，即便那是童话都会成真。

你是否坚信一切都会变好?

乐观主义者需要具体而有意义的目标。如果没有这样一个目标，那么其所说所思的一切都只不过是纸上谈兵。乐观主义者必须要采取实际行动，有价值的目标促使人们经由奋斗获得成功。你如何才能判断一个目标是否值得追求呢？这样的目标必须符合两个条件：

1. 必须和自身品格的展现相对应。
2. 同时能够为大众提供效益或功用。

由马克思·普朗克教育研究所在柏林开展的一项研究表明：乐观主义者坚定地追求他们的目标，他们显示出更强的解决问题的能力，并且很少会丧失勇气。

这项研究的主题涉及梦想、目标以及对未来的塑造，其具体内容是让参与研究的乐观主义者去具体实践那些具有创造性的面向未来的不同思想。这些具有创造性的不同思想体现出了乐观主义者的某种期待，即他们坚信一切都会朝好的方向发展，并且具备使目前尚不理想的状况发展得更好的能力。这一信仰激励他们行动起来并赋予他们力量以抵抗不可避免的失败。

另一项实验致力于研究一些坠入爱河的大学生。他们被问及自己与意中人的成功概率有多大。几个月以后检验一下实验结果，看一看他们的期望在此期间是否已经得到了满足：

“抱有乐观期待的大学生赢得心爱之人的成功概率比那些抱有负面期待的大学生高得多。与其相反的是，与那些拥有不安想象的大学生相比，醉心于幻想彼此已经相爱的大学生却很少能获得成功。”

只有那些已经拥有了愿望的人才能问自己是否能再次拥有价值非凡的目标，也只有那些已经拥有了目标的人才能去找寻具体的前进之路。我们已经从上文看到了，弄清个人目标是实现这一目标最重要的前提条件。另外还有重要的一点是，要相信自身的能力。一个具备乐观生活态度的人坚信自己拥有实现愿望和达成目标所必需的能力。没有必要被表面错觉所蒙蔽。故第十四条生活基本法则如下：

信仰引发行为。专注导致成功。重复能使技艺精湛。

有信仰的人不会被看作是整日无所事事却梦想着实现愿望的人，他们反倒是满怀乐观的心态脚踏实地地一步步接近潜在的目标。达成有价值的目标是一个人在品格发展道路上切实的一步。一个了解自己的人必然知道其愿望和目标并且始终信奉它们，他会按照必要的步骤将其转变为现实。

法国人佛罗伦萨·阿诺德有一个伟大的目标：她想赢得横渡大西洋帆船比赛的冠军！佛罗伦萨·阿诺德所在的家庭有着热爱海洋的传统，经常有著名的帆船选手到家里交流拜访，她也因而很快就对驾驶帆船横渡大西洋感到如痴如醉。

17岁那年佛罗伦萨·阿诺德遭遇了一次严重的交通事故，并且长时间昏迷不醒。然而脊柱损伤一点都不妨碍她把更多的时间花费在水上，而不是大学课堂里。

佛罗伦萨·阿诺德最大的梦想就是在“朗姆之路”上赢得胜利。经过一年时间的准备，她终于在1990年以自己的帆船报名参赛了。作为对这一著名赛事的预先热身，佛罗伦萨·阿诺德在当年的6月参加了从普利茅斯到纽波特的二人制竞赛，并且与其同伴一起获得了第三名的成绩。在回程时她独自驾驶帆船，其耗时比世界纪录少了大约38个小时：从纽约港到位于英格兰南端的蜥蜴角，她只花费了9天21小时42分钟。

此后不久，由于脊椎损伤的缘故佛罗伦萨·阿诺德不得不带着头部支架进行训练，但她并不打算就此放弃，因为长期以来她都在梦想着获得“朗姆之路”比赛的胜利。尽管行动不便，即便是从一开始就要和巨大的技术困难做斗争，佛罗伦萨·阿诺德仍然踏上了比赛的征程。经过14天10小时8分钟以后，她不仅成为了赢得横渡大西洋帆船比赛的第一位女性选手，同时还创造了一项新的赛程纪录。

· 伟大的目标与品格的展现相对应。

· 乐观地构筑生活以认识自身愿望和了解自己为起点。

· 一个了解自己的人能从他的愿望中形成目标。

你应该拥有一幅乐观的自画像

达成一份愿望的前提条件是要对成功抱有坚定乐观的信仰。换句话说：成功是对每一个相信自身能力的人持续发出的挑战。

相信某事成功与相信其具有实现的可能性及其目标能够达成是一回事。

如此一来我们就得到了这样一幅画面，它不仅决定着我们何以能够相信自己，还可以决定我们能在生活中达成怎样的目标。自我认知是成功的基础。对愿望的清楚认识则是通向自我认知的实践之路。

所以幸福并不是从虚无中产生的，它来源于对自身愿望的满足。其决定性因素不是想而是做，是将一个人造就成一个独立个体所需的积极可控的发展过程，是从一个人的身上挖掘出乐观品格的成长经历。

“幸福”来自于“成功”。乐观思考（按理说也是乐观行动）的人更加敢于进取，也就自然能获取更多的成功，他所拥有的幸福也就因而更多。“幸福的汉斯”是最为著名的标志性人物，他让我们清楚地看到，幸福其实是一个与内心态度有关的问题。

你如何看待自己的生活，又是如何看待自己的？拥有乐观生活态度的前提是拥有一幅乐观的自画像：

成功之人生活中的转折点和关键点正是自信。

现如今大多数人抱有一种错误的谦虚，他们低估了自身的能力。然而只有通过做某事，你才能真正地发挥出自己的天赋！诸如写作、烹饪、骑自行车等能力并不是与生俱来的。你必须通过练习才能发挥这方面的能力。这样一来，你就已经在运用自身的天赋了。

在这里我们又得出了另一条生活基本法则：

一个乐观主义者知道他有能力学会一切知识与技术。

我们中的每一个人都能在第二天做到那些我们今天还无法做到

的事情。一切都能学习。没有人一生下来就是天才。这个世界上所有的特殊才能都是借由乐观的自我评价、对成功的渴望以及积极的实践证明而产生出来的！

训练：

请想一想你在内心中对自己的态度：是乐观还是悲观的呢？你有哪些积极的性格？请你记录下最想拥有的十种性格。

你也许在以上的训练任务中发现了自己的一些消极性格，并且想要问一问应该如何对待它们才好。很简单：请你保持冷静，既不要重视也不要去想这些消极的性格。不重视能够产生某种程度的解脱！你越是利用自身的优点去行事，它们所发挥的影响力就越大。因为人们终其一生难免会犯错误，所以优点在生活中就起到了决定性的作用。我们的生命对于完全消除自身缺点来说实在是太短暂了。

至于你能够做些什么，这等于是在想："哪些事情我还能做得更好？"通过对自身的性格优点加以利用和扩展，由性格缺点所引发的效应也就自然会变得越来越微弱。坏习惯往往无法被成功地克服，但却可以被好的习惯所代替。你要么重视自己积极的性格，要么重视自己消极的性格，而同样的力度既有可能给你火上浇油，又有可能让你悬崖勒马。你拥有选择的自由，请利用它进一步完善自己吧！

强化自身优点的人能踏上通往幸福和成功的正确道路！

你可以把自己从消极态度的负担中解脱出来。请你做一个乐观主义者，并且以积极的心态更多地审视自己的天赋和独特才能。乐观主义者不会畏惧变化，因为变化对于他们来说并不是变得不同，而是意味着变得更好。勇敢面对变化的人并不会成为环境的牺牲品，而是一位积极地造就自身未来的行动者。只有人类能够接受影响，并借此改变自己的生活境遇。你还记得生活的第一条法则吗？

只有人类有能力运用自我意识进行思考、规划和建设，也只有人类能够依靠自己的力量对命运和未来施加有针对性的影响。

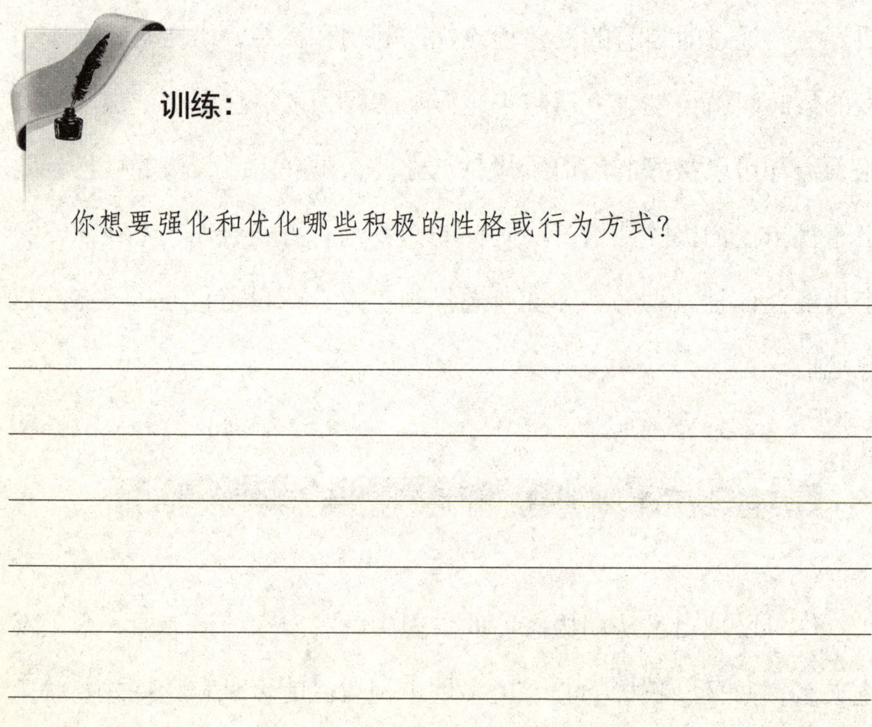

训练：

你想要强化和优化哪些积极的性格或行为方式？

请你从以上你写下的性格中找出你想在接下来的四周内有意识地强化和改善的性格或行为方式（只能选择一个）。

我们在此进行论证的出发点是，人一生当中的第一个6年将影响其余下的生命历程，然而从中并不能够得出一个反向的结论，即从此以后一切变化都将不会发生！相反的是，你生命中的每时每刻都有可能发生改变，没有任何人和任何外在的环境能够阻止你！你完全可以为自己在接下来的日子里如何发展担负责任。你不应该尝试改变其他人，也不应该去改变你的伴侣、孩子或上司，但你有能力

改变自己：

除了人类能改变自己以外，没有任何事物有能力改变自身。

以上的前提条件使你应该对成功抱有坚定的决心并有针对性地强化自己的积极性格。每一个人在原则上都有可能改变自身的行为方式并且学会乐观处世，他们还拥有以饱满的热情与信心面对生活和应对各种任务的可能性，对上面这一点的认识在过去两年里引起了巨大的关注。

在名为《情商》和《人们不会亲吻悲观主义者》的书中，两位美国作家丹尼尔·戈尔曼和马丁·塞利格曼依据科学研究得出了结论，即成功虽然与人的天资禀赋有关，但其首先还是取决于乐观主义的态度以及人们在必要时改变自身行为和战略并使之适应需求的能力。这些科学家同样证明了我们在此讲述的成功学理论系统。

- 强化自身优点的人能一直保持自信。
- 一个乐观主义者知道他有能力学会一切知识与技术。
- 除了人类能改变自己以外，没有任何事物有能力改变自身。

专注促使愿望成真

专注从本质上来说是对思想能量的凝结，它意味着我们将思想设置在一个固定点上并且使其在发生意想不到的情况时不产生分散与偏离。我们越是将思想设定在一个固定的目标之上，或者是将能量控制在一个固定的方向之上，我们的愿望就能越快地得到实现。第六条基本法则说的是：

一切成长中的事物都需要营养。思想的养分就是专注。

专注能从小小的愿望里面制定出伟大的目标。专注于一个目标则是每一次成功的前提条件。没有专注就不可能产生出伟大的成绩。这一点无论是在学校里，还是在今日的体育界和职场上，以及在生活的不同领域中都一样适用。一个人一下子拥有过多的目标，必然会导致现有力量发生涣散，并最后以失败和退却告终。与之相反的是，专注则是将能量聚焦于一个固定点上。第七条基本法则如下：

有意识或下意识的专注都是一种对生命能量的凝结。

利用集结起来的能量有可能做到任何事情。阿基米德曾经用隐喻的方法委婉地表达了这一思想，他说："给我一个支点，我就能够撬起地球。"

请不要把与专注有关的这条法则仅仅应用到外在的目标和愿望之上，还应该同样利用它来使自身性格的转化得以实现。与其尝试改变你的消极性格，不如将注意力更多地集中在强化自身优点之上。这样一来你的全部本质都能积极地展现出来。保罗·莫梅茨说过："谁把一块石头扔进水中，谁就能改变大海的样子。"

训练：

请你在接下来的几天内专注于上一阶段列出的性格转化方案。请你利用一周的时间，每天坚持记录为转化性格而采取的相应步骤及其结果。

第一天：

第二天：

第三天：

第四天：

第五天：

第六天：

____

____

第七天：

____

____

现在是第十条基本法则：

有针对性的决策能将注意力引导到每一个被选取的焦点之上。

专注就好比是探照灯将灯光投射到被选取的某一个地点之上。至于是哪一地点，这要由你自己来决定。这一选择的可能性能够为你在生活中创造自由：你第一时间所追寻的是自己主动制定的目标，而不是由外界条件为你限定出的目标。

在这其中还包含着一份明确的热忱，那就是对目标的爱。我们所爱的事物也正是我们所关注的事物，而这种关注与其他专注相比并没有什么不同之处。热爱自己的目标并由此产生专注是决定你能否达成目标的可能因素。爱就意味着能量。拥有爱心之人具备足够多的能量，以便发现世上新奇的可能。

请你回忆一下，当两耳第一次听到情话时你所产生的行为和感觉吧。那是怎么样的呢？你是否觉得自己还得费尽九牛二虎之力，才能想到心爱之人呢？当然不是了，恰恰相反：你甚至感觉自己有能力扳倒大树，心中充满了干劲儿和对生活的热情。你此时已经找到被阿基米德称为“能撬起地球”的那个支点了。对某一个人或者某一事物热切的爱能够释放出无穷无尽的力量。正如诗人胡赫那句美妙的话：“爱是一种能量，每当我们挥霍它时，它还能再次滋长出来。”

拥有爱心之人也拥有充裕的乐观和勇气。

爱与热忱越是浓烈，你为达成目标所花费的力气就越少。你的思想仅仅会侧重于最为重要的那一方面，而这种下意识的专注则几乎不会耗费你的任何能量。这一情形和你讨厌某些事物很相似：你的思想会自动集中于这些主题之上。而如果你觉得某一事件无关紧要，就必须得十分努力才能对其产生专注。这就是我们要谈的第九条基本法则：

感觉能够下意识但却有力地控制并强化精神的专注程度。

为了能够专注于那些积极且一定可以成功的目标，检验一下你一直以来所受到的影响是必不可少的。它与你生活中的以下方面息息相关：

思想

请你不要接受悲观之人的任何意见，而要相信自己的积极思想！只有依靠自身的愿望和目标，你才能发展出实现它们所必需的爱与专注。

人

你同样需要注意自己在与什么类型的人打交道，这其中既包括能对你产生积极影响的乐观主义者，又包括能将你的动力和能量消耗殆尽的悲观主义者。请你不要受到这些人的负面影响！

其他因素

比如说，你阅读的某些书籍或者看到的某些电视节目也有可能影响你的内在情绪。如果你热衷于骇人听闻的消息、糟糕的电影以及肤浅的娱乐文学，你就是在浪费自己的时间和天赋。与其相反的是，要是你一直致力于扩展自身的知识和能力，你就完全有能力在未来成为某人或做出某事，即便你目前还无法做到这一点！

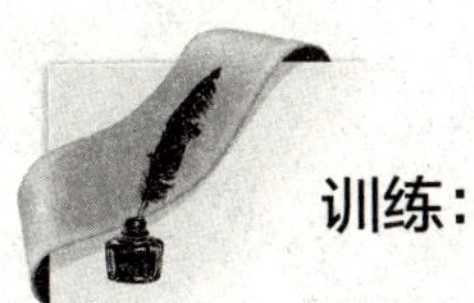

训练：

请你想一想自己日常的生活习惯：是否受到某些特殊的影响，而这些影响会耗费你不必要的能量？是否还存在着另一些你真正热爱的行为或乐于承受的影响，也正因为如此它们不会花费你的任何力量？

你能否利用积极的影响将那些“能量耗费者”替换掉，要不然就是改变你对它们的内在态度？

“能量耗费者”	“积极性的替换”

爱是成功的主要原因。

爱能利用“纯粹培养法”制造出积极乐观的思想。

爱唤醒潜在的力量并且释放出能量。热爱目标之人能同样出色地达成其目标。

· 专注是对思想能量的凝结。

· 谁把一块石头扔进水中，谁就能改变大海的样子。

· 爱能利用“纯粹培养法”制造出积极乐观的思想。爱是成功的主要原因。

测试：你身上潜藏着哪些能力

一种成功而又讨人喜爱的乐观型人格包含着一系列重要的能力，它们可以帮助你在生活中不断前行。从总体上来说，这些能力都是通过不断的专注与抉择而逐渐培养出来的，并由那些从愿望中生成且可以达成的人生目标所决定。

你的自画像看起来如何？你相信自己哪一点？你又是怎样创造自身幸福的呢？请你根据以下列表测试一下自己目前拥有的能力，看一看有哪些你所期待的性格特质还需要得到相应的支持。请你仔细浏览一下这些概念并对符合的选项做出标记：

	显著	适中	少量
注意力	○	○	○
耐力	○	○	○

（续表）

振奋精神的能力	○	○	○
承受力	○	○	○
魅力	○	○	○
吸引力	○	○	○
社交能力	○	○	○
自制力	○	○	○
贯彻力	○	○	○
能动性	○	○	○
移情能力	○	○	○
决断力	○	○	○
友善	○	○	○
沉着冷静	○	○	○
幽默	○	○	○
积极性	○	○	○
智力	○	○	○
专注能力	○	○	○
创造力	○	○	○
热爱生活	○	○	○
忠诚度	○	○	○
对他人的了解程度	○	○	○
勇气	○	○	○

语言运用能力	○	○	○
骨气	○	○	○
平静程度	○	○	○
自我了解的程度	○	○	○
忍受能力	○	○	○
说服力	○	○	○
勇于承担责任	○	○	○
信心程度	○	○	○
活力	○	○	○
意志力	○	○	○
实现目标的动力	○	○	○
可靠程度	○	○	○
我相信自身的能力	○	○	○
我相信自己的目标	○	○	○
我相信自己能成功	○	○	○
我的价值能体现在外在	○	○	○
我散发着权威的力量	○	○	○

评价：

请你数一数各栏中的标记的数量。

“显著”选项多于30个

这就说明你十分了解自己。你清楚自身的优点并且知道如何运用它们。通常情况下，你能以满怀爱心的态度，凭借乐观和专注的精神去追求自己的愿望和目标。请你接下来多多关注自己最具优势的性格并尝试着进一步强化它们。

“适中”和“少量”的选项共多于30个

那么就请你首先关注那些“显著”的能力：先强化你最为显著的优点，几周过后再专注于其他的优点。这样一来，你身上的缺点自然就会一点点地减少了。

选项在三列表格中是平均分布的

这说明你的自画像属于平均水平。然而你肯定还想提升一下状态，还想塑造出自己伟大的人格。那么就请你在性格培养上多下功夫：请你强化自己的优点，不要过多地专注于那些特别明显的缺点。这将使你变得乐观起来，能够勇于向着目标努力奋斗，并对实现自身愿望的能力充满自信。

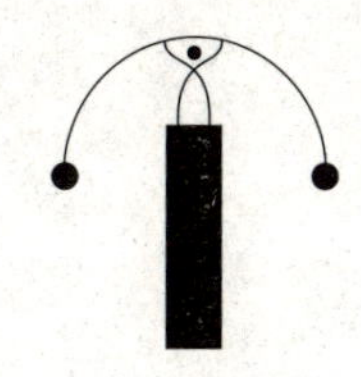

第二章
珍惜时间，管理时间

“片刻耐心可以使一个人在巨大的灾难面前得以幸存，而稍微一点不耐烦却有可能毁灭他的整个人生。”

——来自中国的智慧箴言

以一份好心情开始每一天

“乐观主义者是这样一类人，他们总是将坏的方面看得很轻，却格外重视好的方面。”这句话来自于著名演员海因茨·吕曼，他以充满热忱而又幽默的方式给许多人带去了欢乐。谁拥有了快乐和自信的人生，谁就能唤起他人的希望与乐观。这样的人既不会被问题或焦虑所纠缠，也不会被困难和障碍所阻挡。他们会始终谈及希望、梦想和愿望，谈及自身的目标和前进的道路。

以快乐与乐观的态度满怀信心地开始每一天的人，必然是生活大师。

你想要以好的心情开始每一天吗？我们给你提供一个好办法，以便将来你能心情愉快而又乐观地生活。请你在每天醒来时说出以下句子：

“开始积极的一天。”

“今天有很多机遇等待着我。”

“成功的未来就从今日开始。”

“一个崭新美好的生活阶段就从今日开始。”

“今天是一个美妙的日子，我为生活感到愉快。”

请你在起床和穿衣服时再重复几遍。也许你很难在接下来的几天内坚持做到，或者是干脆忘记去做。然而，随着时间的推移，以乐观态度开始每一天将成为你最为喜爱的生活习惯。

有报道证明，乐观可以对一个人的健康状况产生积极的影响：乐观主义者比悲观主义者更少受到传染病的侵害。我们在丹尼尔·戈尔曼的著作中找到了相关证明：

悲观主义者总是和维护健康的费用发生千丝万缕的联系，而乐观主义者却能从中获得相应的收益。有一项研究测试了122名心肌梗死患者的乐观和悲观程度。8年以后，25名悲观主义者中有21人死亡，而25名乐观主义者中只有6人死亡。与所有外在的医学风险因素相比，一个人的内心态度被证明是更为理想的生存预测标准。

马丁·塞利格曼也支持上述观点：

过去5年内世界各地的研究机构都处于同一条科学认识的长河之中。这一认识就是，作为心理特质的乐观能够引导出健康。

乐观可以在不同层面上催生出健康：

1. 乐观防止无助感的产生，并能使此免疫系统一直保持有效。

2. 乐观鼓励人们选择健康的生活方式，而悲观主义者却总是对自身状况漠不关心。

3. 乐观能对生活中的负面事件产生积极的影响，而悲观主义者却总是能从主观上体会到更多“灾难”。

4. 乐观主义者能获得更多的社会支持，因为与悲观主义者相比，他们与社会的联系更加紧密，因而能受到更好的保护。

乐观主义者和悲观主义者也许体验到相同数量的成功与失败，然而他们对其态度却明显不同：

“乐观主义者把失败的原因看作是可以改变的，因而下一次一定能够取得成功。悲观主义则将失败的责任归结到自身，并且为其贴上了‘无法改变’的标签。”

与之相应的还有许多不同的反应：乐观主义者总是在考虑如何让下一次的尝试更加成功。他们为此制订出行动计划并接受他人的建议与帮助。悲观主义者则相反，他们缩回蜗牛壳中，因为他们相信，想象中自身能力的缺乏使得他们无法改变任何事情。从乐观主义者身上可以明显感觉到，即便存在着失败，他们仍能发展自身的能力，因而不会丧失掉勇气。悲观主义者经常停滞不前并且看不到任何出路，而乐观主义者却能在充满危机的环境中保全自身，因为他们仍然坚持找寻前进的道路以及解决问题的方案。

乐观主义者才是实质上的现实主义者，因为他们总是能发现机遇。

以这样一种乐观型世界观为基础，人们可以成功地规划并造就生活。紧接着乐观到来的还有天赋与动力。这样一来，通往成功的道路上就不会再有其他障碍了！

训练：

你肯定曾经体会过“绝望”。你还能否记起诸如此类的危机，在其中只有凭借乐观与自信才能找到继续前进的道路？

____

____

____

____

____

____

悲观主义者和乐观主义者对一起危机做何反应？其区别存在于对危机范围和程度的估计上面：

对于悲观主义者来说，灾祸意味着：

1. 持续时间长
2. 无处不在
3. 是由其自身引发的

乐观主义者则认为，不幸是：

1. 一种暂时的现象

2. 只与生活的某一方面有关

3. 其责任归咎于所处的总体环境或者是由他人引发的

这意味着，当我们学着从乐观的角度解释不幸时，我们便能够摆脱那种消极的阐释模式，并在成功与失败之间划定出一条新的分界线，这条分界线能保证我们乐观的生活态度不会再轻易地受到影响。

举一个例子来说：你不巧忘记了最要好的朋友的40岁生日，并因此而深深地责备自己。如果你是一位悲观主义者，那么你在内心中和自己的对话听上去就会是以下这样："我总是（长时间的）忘记重要的事情。我还能想得起来什么呢（什么都想不起来）？！我是一个多么不可救药的人啊（个人原因造成的）！"要是你拥有一种乐观态度的话，就会像下面这样讲话：

"我居然把这件事给忘了，很蠢啊！这么多年来我一直记得她的生日，只有这次忘了（暂时的）！我并不是如此健忘（和所处环境有关）。也许是因为孩子生病了而变得忙忙碌碌才会不知道脑袋里面还记得什么（不是自己的错）。"真正的乐观主义者能同时找到出路和解决方法："我明天会给她寄去一封信和一束鲜花，并邀请她下周去看电影以表歉意。”

你是否做得到即便遭遇倒霉的事仍然能享受剩余一天的生活？请你记住：

乐观主义者将失败看作是暂时的，是受外在环境和周边事物制约的，并且大多数情况下责任都不在自己身上。

训练：

请你从上一个训练任务中找出某一状况，并将其作为到目前为止在你生活中所能发现的最为糟糕的危机，请你反问一下自己，这一失败：

- 是长时间持续的还是暂时的？
- 是无处不在的还是会受某一环境条件的制约？
- 是否要由自己担负责任？

请你证明自己的估计！

乐观对每一个人来说都是让其生活变得更加积极的前提条件。《职场与爱情中的更多机遇——乐观主义者更容易得到》，这是不久之前在报纸《周日世界报》上刊登的一篇文章的标题。文章是这样开始的："乐观之人把人生朝好的方向发展作为其行为的出发点，他们不仅能在职场上，在爱情生活中也能抓住更多更好的机遇。"

存在着许多"乐观"的同义词（组），它们都含有积极勇敢的含义：

机遇	对生活加以肯定
生存的喜悦	生活乐趣
期待	面对生活的勇气
相信进步	多彩的目光
愉快	内心的温暖
信仰	信任
兴高采烈	预先的快乐
希望	信心
力量	________________
________________	________________
________________	________________
________________	________________
________________	________________
________________	________________
________________	________________
________________	________________

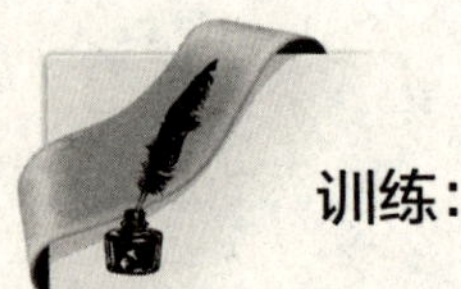

训练：

请你找出三个最认同的概念，然后在一大张纸上写下“乐观”二字，并在其下补充刚才所选的那三个概念。请你把这张纸贴在浴室墙上一个星期，以便你的潜意识能习惯这些概念。

请你在那个符合乐观精神的词汇列表里再找出四个概念！

被动型乐观往往沉溺于既无创造力又耽于物质享受的白日梦中，因而不能对你的生活规划产生积极影响。只有当乐观涉及理性且符合社会规则的正当目标时，它才会展现出其最大的意义。塞利格曼为此创造了一个名为“可变乐观”的概念，它一方面可以帮助你成功地接近并达成那些潜藏着的目标；另一方面还能令并不十分理想的事件拥有一个更加美好的结局，使其结果与成功遥相呼应。

如何才能日复一日始终维持乐观的思考与行为呢？我们为此描绘出了一条道路：为了能继续以乐观的心态思考下一步的计划，你不应该再被失败强烈影响，而要从容淡定地对其原因进行解释。另一条相关的道路则是通过给潜意识赋予相应的动力，从而训练自己进行正面思考的能力。这一点我们将在下一章详细说明。

· 以快乐与乐观的态度满怀信心开始每一天的人，必然是生活大师。

· 乐观主义者才是实质上的现实主义者，因为他们总是能够发现机遇。

· 乐观主义者并不长时间纠结于失败，而是立求对当下问题加以解决。

潜意识蕴含着巨大能量

在过去几年里许多来自工业界、工会组织、政治或体育团体的知名人士在我的“人格培养以及修辞学和未来规划”研究所接受培训。学员们在课堂上成功地摆脱了不安、焦虑以及紧张等情绪。他们首先学到的是以下这点：人们不仅要像一直以来所做的那样通过智慧来掌控生活，还要更加深入广泛地运用潜意识中所蕴藏的能量并抓住由其带来的可能性。做到这一点是极其重要的。我们必须在进行具体生活实践之前就将潜意识激发出来，以便能够实现某一种所谓的生活质量。

我们拥有潜意识。我们应该充分利用潜意识。

我们能从什么地方获得能量呢？能量出自于意识层面还是潜

意识层面？请你观察一棵枝叶茂盛的大树：它是由树根、树干和树冠组成的。随着时光的流逝，大树不但要向上生长，还要向深处扎根。如果一棵大树既缺乏足够的生长空间，又无法获得足够养料的话，它就会逐渐枯萎下去。

我们人类也是一样，应该获得从内在到外在、从高度向深度的全方位成长，这样才能使身心达到一种合理的平衡状态！当树根得到充足的养料和生长空间而得以扩展时，大树就能维持健康的状态。它可以繁荣茂盛地生长并且每一年都能更换一次树叶。要是其树根出了问题，纯粹的表面装饰就不会具有任何意义。即便暴风雨将树枝折断，拥有健康树根的大树也能够进行自我修复。

“本质是无法用肉眼观察到的。”安东尼·德·圣埃克苏佩里的小王子曾经这样说道。正是不可见的树根使得不断的成功成为了可能。每一个人都有可能拥有一次成功的体验。终其一生为成功而努力奋斗之人必须保持并呵护好他的“树根”。

只有那些依靠自己并且具有核心要点的人才会变得忙碌。人们的生活映射出他们内心深处的状态，其外在行为看上去只能是其内在状况的反映。如果我们的内心能在短时间内燃起熊熊大火，我们就有可能轻而易举地获得成功：我们的力量与能量必须源源不断地得到激发和装载。所以应该注意维护我们的潜意识，并通过积极和建设性的思想来滋养它。

训练：

有一个简单的方法可以用来积极地装载你的潜意识，那便是把美好的回忆全都收集起来。请你再回忆一下那些生活中的美好时刻，并至少记录下十种与之相关的情境。

你在生活中体验到的幸福时刻当然多于10个，但是你还能记起其中的几个呢？人类生活在记忆之中，西塞罗曾对此解释说：“记忆是生活的宝库。”对记忆、幸福和成功保存的记忆越多，与幸福时刻有关的潜意识就会表现得越发强烈。你是否也该准备一本“幸福日记”呢？

训练：

请你为自己准备一本“幸福日记”：你可以在每天晚上把刚刚过去的一天中令人愉快的三件事写在这本日记里。这花不了你5分钟的时间，但几周以后它们就能汇集成为一笔关于幸福的宝藏。每周都会有21件事被记录下来。一年过后就能留下1095个愉快积极的回忆了。

你写下的每一件小事都能影响到潜意识。

精神可以通过书写的方式转化为物质。

幸福的时刻首先是通过书写的方式而成为了现实的一部分，利用这一方法我们能够切切实实地将积极的事情牢固地镌刻在记忆深处（同时也印刻在潜意识里）。越是频繁地接触到这些美好的事情，其效应就会显得越发深刻，对我们未来行为的影响也就越强烈。

你也许了解人类精神领域中的冰山模式：意识层就相当于是一座冰山的顶峰。但是这一意识却只占人类整个精神领域的四分之一！如果你仔细审视一下就会发现，潜意识和无意识加在一起却占据了人类精神总体的四分之三还要多。这样一来你就可以理解为什么潜意识对于我们的发展是如此重要了。

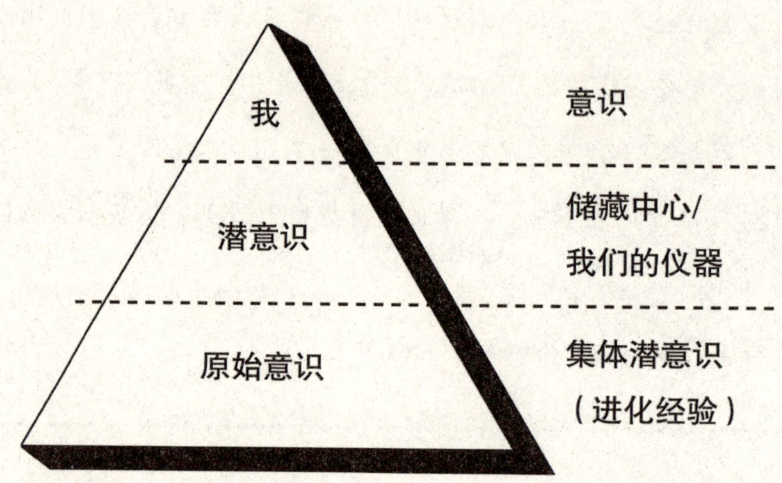

积极的潜意识使得成功无法阻挡！

对一切伟大的行为我们都会预先在心中做一番准备，追求成功也同样如此。我们应该充分利用潜意识的巨大力量！那么潜意识到底是如何运行的呢？与计算机原理相似，潜意识也是利用程序来运行的。要是你总是重复默念那些积极的心灵感应和思想，或者将它们牢记于心的话，就早晚能发现潜意识其实是你最好的合作伙伴。为此你需要注意以下两点：

1. 请谨慎地选取那些你想要处理的思想，因为潜意识并不具备任何管理职能！它仅仅是一个可执行系统。执行的结果（输出）完全取决于你所认同的思想（输出）。理性选择决定目标，而潜意识则关心目标的实现。

2. 请你不要一次性地输入那些重要的思想和冲击力，而是要尽可能频繁地将其不断输入到潜意识中。

每一种微小的思想都能通过不断的重复默念而发展壮大：“重视能产生某种程度的强化（第十一条基本法则）。”“再小的思想火花也能燃烧成熊熊烈火（第五条基本法则）。”这两条以及其他法则都和成功一样，从属于自然法则。一切生命体都是通过追求和达到成功而得到发展的。

所以你应该把十四条法则牢记于心，一旦将这些法则深深地铭刻到潜意识里，你就可以在不知不觉中自然而然地运用已学到的东西。这样一来，你就能以完全乐观的心态体会到日常生活中全新的一面。只要坚持用积极的思想填充潜意识，你就能学会如何引导自己走向成功。所以请你千万不要漫不经心地给自己的潜意识编写程序。

你的大脑拥有130亿个脑细胞，它们都在等待着你来加以运用。

130亿是一个拥有9个0的数字，你是否只是想成为它们的所有人，还是想让它们成为帮助你实现目标的得力助手？你是任凭生活随机发生，还是想要自己操控生活？如果时间能被用来积极地满足自身的愿望，我便无法想象还有比这更加美好的生活了！

训练：

请你经常激发自己的潜意识去工作，就好像它是你的好朋友一样。你要与它多聊一聊！请你大声朗读下面这段自我感应的文字，并且在接下来的四周内每天对着镜子将这一练习重复四遍。其作用将在数周后清楚地显现出来。

“我下决心利用潜意识所具有的力量和能力。潜意识是我最好的伙伴，它是我身体内的巨人。我会学着让潜意识变得更加强大。我能让潜意识每天都具备说服力和感召力，并将我所期待的事情告诉它。我力求让感召式的影响力在自己身上得以生长，它有助于强化我的人格特质。潜意识所具有的一切力量都在为满足我的愿望而随时待命。出于这一原因我能让自己每天都保持专注，并且使潜意识发挥出感召作用。它将能做到一切我所期待之事。”

历史上所有伟大的人物都曾借助过潜意识的力量，你同样能通过正确乐观的观念和设想使潜意识发挥出作用。请你利用内心中巨大的力量，以便可以提升获取成功的可能性并创造出机遇。

请设想一下你此时正站在一条小溪的岸边并且想要到对岸去，要是河中间有一块大石头的话，你就可以两步跨到对岸去。开始的时候你往河床里扔小块的石子，最初几块显然并没有什么效果。但你却毫不动摇仍然继续努力，石头渐渐地从河床上堆积了起来，最终在河中央形成了一座小石头堆，接下来你便可以轻轻松松地渡河了。牢记或重复那些积极的思想也能起到相同的作用：过不了多久成功就能在你的外部世界显现出来！

影响潜意识最简单的方法就是让人们处于阿尔法状态中。我们的大脑在一天的时间内产生出不同强度的脑电波，其波长范围从0到35赫兹不等。

- 深度睡眠（德尔塔状态）：0～4赫兹
- 轻度睡眠（德尔塔状态）：4～7赫兹
- 放松状态（阿尔法状态）：7～14赫兹
- 轻度到高度兴奋状态（贝塔状态）：14～35赫兹

通往潜意识的大门在处于阿尔法状态时是敞开的：精神处在完全清醒的状态之中，身体却保持着极度平静和放松。精神能量就像是凸透镜一般呈现出散射状态。在这样一种放松的情况下，身体不会产生肾上腺素，一直以来的焦虑感也会荡然无存。只要摆脱了情绪上的焦虑，勇气、自信和乐观就能自然而然地生发出来。内心沉着冷静能使一切担忧和恐惧变得微不足道，你能够切实感到自由并且全身充满力量。所以你应该保证在一天之内至少有一次进入阿尔法状态。

阿尔法状态是你获取成功的一把钥匙。

下面的一个例子很好地说明了在阿尔法状态中进行有针对性的心灵感应能够促成什么样的成功：闻名于世的俄国作曲家谢尔盖·拉赫玛尼诺夫（1873—1943）于1899年被邀请到英国演出，他是在一种极度抑郁的精神状态下开始此次旅程的。拉赫玛尼诺夫承诺为伦敦交响乐团创作一部钢琴协奏曲，但此时他却毫无创作灵感。他一连几个小时盯着钢琴，却想不出任何创作方案。

接下来拉赫玛尼诺夫又陷入了情绪冷漠的状态之中，这严重影响了他与周围朋友的人际关系。拉赫玛尼诺夫通过一次偶然的机会认识了一位伦敦的催眠师，他于1900年拜访了这位催眠师并接受了治疗。在其处于阿尔法状态时这位催眠师对他实施了心灵感应："你将成功地创作出一首协奏曲，这份工作对你来说是那么轻而易举。这部作品将成为巅峰之作。请你回家以后构思一下吧。"

这样一份思想被移植到了拉赫玛尼诺夫的潜意识中，他重新选择了一个大纲并最终创作出了永恒经典的C小调第三钢琴协奏曲，而这首协奏曲也被载入了音乐史册。

和上述例子一样，你可以通过放松练习和心灵感应很容易地进入阿尔法状态。这些练习能够改变你的呼吸频率，这一点是世界上所有冥想技术中都能找到的法则。请利用一天中的20分钟时间进入阿尔法状态以便放松身心和积蓄精力。与从早到晚不间断地工作相比，这样反而可以使自己变得更加重要并拥有更多的创造力。

阿尔法状态的神秘效果能够通过以下几点得到解释：

· 在阿尔法状态中，大脑具备最强的学习能力。

· 在阿尔法状态中，人的反应力最强。

· 在阿尔法状态中，人们能够轻松地改正有错误的方案和设想并建立一个全新而有价值的项目计划。

· 在阿尔法状态中，人们能学会充分发挥自身潜能。

· 在阿尔法状态中，人们能克服某些制约。

· 在阿尔法状态中，行动的力量和能量可以被充分激发出来。

·在阿尔法状态中，人们能够战胜焦虑并且能使克服困难的信心得到增强。

你为什么不运用以上潜在的力量去成功地达成目标呢?

·我们拥有潜意识并且应该合理地运用它。

·积极的潜意识使成功无法阻挡。

·阿尔法状态是你获取成功的一把钥匙。

大声说出：我能做到我想要做的事

我能做到我想要做的事情！

这句话应该成为你的座右铭。你要把它写在一大张纸上面并贴到一个十分显眼的位置上。能否畅游英吉利海峡，是不是能追求到尚未接受你的梦中情人，有没有可能经营一家商店或是移民到澳大利亚，能不能做到其他一些“不可能”做到的事情，这一切的思考其实都无关紧要。只要你真心实意地想做一件事就一定能够做到！如果你确实想做某事的话，完全可以找到实现这一目标所需的核心要点和前进道路。

你所要达到的每一个目标都包含着四个方面。必须对其加以足够的重视，因为成功的房屋就建立在这四根基柱之上：

1. 你曾经于何时何地下决心一定要成功？你在生活中是否有过灵光一闪的时刻并意识到以下这个问题：“我是不是从现在开始想要取得成功？”如果你的生活中不存在这样的时刻，就请在此时此刻做出坚定的决定吧：从现在开始我一定要成功！

2. 你想要在什么领域取得成功？你拥有选择的自由：可以成为一个成功的老板、伴侣、保险从业人员、建筑师、运动员……不过你可不能像从喷壶里倒水那样消耗自己的能量，而要如同投射激光一样将注意力集中在最重要的地方。专注其实就是能量的集结。

3. 你要相信自己有能力学会一切。也许你在想要成功的领域里还只是一个新手，但仍然可以坚持学习。动物只能依靠那些天生的本能生存，人类却可以按照自身的品质特征来安排行动，而这些品质特征都是通过学习和体验逐步形成的。

4. 盼望在生活中取得成功之人还能够感染并说服他人。成功的人生以成功的言谈这一能力作为出发点，仅仅拥有积极性的思考是不够的，你还必须掌握积极乐观的言谈方式！说你想说的话，这一点具有重大意义。言谈不是在你那里起到建设性的作用，就是会摧毁你所付出的一切努力。生活整体上是由信息的发送和接收构成的，而你作为一个发送者时的言谈质量决定着你的成功与否！你的语音语调则好比是你一直随身携带的身份证。

训练：

请你阅读下面这一段心灵感应式的文字。和上一章的心灵感应相似，你同样能利用这段文字来对自身施加影响。请每天重复练习4次，你会在短时间内发现这些思想将和你的血肉融为一体，进而积极地引导你的行为。

“我下决心抓住生活中的机遇。想要成功的人必须掌握言谈技巧并且有能力把握好语音语调。我知道让语言产生力量的前提是保持内心的平稳，这是一个是否信任自身能力的问题。只有内心安定的人才能从容不迫地言谈。我能保持内心安定！我完全可以做到！没问题！”

请你将这类心灵感应变成一种习惯。如果还没有开始练习上一章所介绍的心灵感应，就请你翻出那一段文字大声朗读，然后从今天开始这项训练。你要一直坚持对自我进行心灵感应。而每一种心灵感至少应持续4周的时间。

人是一种“习惯的动物”：我们95%的行为都与习惯相关。人们经常无法克服自身的坏习惯，这是因为他们不得不为此集中大量

的注意力，却反而在不经意间对其进行了强化。不过人们有能力用更新更好的习惯来替代它们。习惯带来的力量能够引导人们走向成功，而阿尔法状态则帮助我们将新的习惯固定下来。在这些心灵感应的特别帮助下，积极的行为方式将会深深地铭刻到潜意识之中。做到这一点的前提是要拥有达成目标的坚定愿望。如果能做到这点，则一切通向成功的大门都将敞开。

通过经常

· 进行心灵感应的训练

· 进行阿尔法状态的训练

你就可以卸下紧张所带来的负担。你的力量能够得以集中并被有针对性地运用到潜意识的程序之中，以便使最终的结果得到优化。每天进行阿尔法状态训练对于乐观主义者而言是件理所当然的事情!

阿尔法训练：

请你通过补充下列句子强化一下上述有价值的想法：

1．对我来说……的时间已经成熟了，我要

____

____

2．对我来说……的时间已经成熟了，我要

____

____

3．对我来说……的时间已经成熟了，我要

____

____

4．对我来说……的时间已经成熟了，我要

____

____

5. 对我来说……的时间已经成熟了，我要

____

____

你不应该让成功成为一种随机事件，而要通过训练去获取成功！阿尔伯特·爱因斯坦曾经说过："上帝不掷骰子。"没有任何事情是偶然的，生活中的一切都是按照既定法则展开的，这一法则也就是成功法则。一切生命体都需要获得成功。每根禾苗、每枝嫩芽、每棵树木、每种动物、每一个人无论其年幼或年老，都是如此。无法适应环境或是解决困境的动植物都将随时间的流逝而灭绝，这一点在自然界已经明明白白地显示出来了。

成功是最基本的生存法则和全宇宙的中心任务！

如果你遵从生活基本法则，那么你在未来的成功体验就并非是偶然的，而是通过你的训练状况和内心态度引发出来的。这样一来，诸如此类的成功就会源源不断地到来。

许多取得成功的乐观主义者都致力于发展并维护自己在直觉方面的天赋。这一内在的指导者能够穿透意识的所有层面，其中包括我们

的日常意识、潜意识以及全部的无意识。直觉就是让或好或差的感受参与到我们的怀疑进程，并最终使我们依据这些感觉加以判断。

感觉和理智的交锋总是以感觉获胜而告终。

以上就是第八条生活基本法则。令人惊奇的是，我们的文化圈中实实在在的事情总是很少被顾及，大多数人都只是让自己接受智慧的引导。萧伯纳曾经领悟到了这一点：

是感觉点燃了智慧，而不是智慧触发了感觉。

如果感觉上不可行，那么即使进行最出色的论证也无济于事。是感觉的本能促使我们行动或做出决定，这种内心的声音与我们的意识层面发生关联。它来源于在整体上对现有全部信息进行汇总。这一内心的声音最能了解我们的生活，甚至要强过我们动用理性对生活进行分析。我们可以经常性地进入阿尔法状态，从而建立起与这种声音的联系，并对其就某些建议进行询问。

我们的精神无比明智，人们必须求助于它。

通往成功的大门是向内心敞开的！

你可以把这段话当作心灵感应加以利用，这样通向潜意识的道路就更加容易行走了：问题与答案、目标与成功，这一切其实都取决于我们自身。

在放松的状态下，我们可以保持心平气和并且随时准备接受眼前到来的一切。潜意识能够领会到我们的愿望和任务，并力求将其转化为现实。我们的目标与感觉之间的联系越是紧密，这些目标就越能深入地固化在潜意识中，至此第九条法则如下：

感觉能够下意识且有力地控制并强化精神的专注程度。

请你在处于阿尔法状态时把注意力集中于某一重要的愿望之上，并竭尽全力去想象，如果达成这一目标，你就能获得快乐、兴奋、幸福或骄傲等感受。当这些感觉被充分点燃时，潜意识便会迫不及待地将那一愿望变为现实。

训练：

请你在某种心灵感应或其他放松方法的帮助下达到阿尔法状态，并思考一个你目前认为最有意义的愿望或目标。请你发挥想象力，设想一下当你达成目标时会怎么样，并动用与这一目标相关的感觉和感受来修饰这份设想。

请你习惯于这个方法，它就是业已存在的成功的自我激励方法！“我能做到我想要做的事情！”这就是所谓的“成功之路”！你可以一直进行这样的自我激励。因为只有那些能够成功激励自我的人才能同样成功地激励他人，而一个成功的人其最重要的能力仍旧体现在能激励并影响自己和他人，进而鼓舞众人为自身目标而努力奋斗！

如果你坚持实践这条“成功之路”，就能获得至少23条优势：

1. 你能通过不断提高决策能力从而获取更多成功。
2. 你能体验到自身效率的提高。
3. 你总是能有效地激励他人。
4. 你能尽快地摆脱因压力过大而引发的紧张情绪。
5. 避免由压力造成的负担和抱怨。
6. 提升你的健康状况。
7. 你能更加有效地利用休息的间隙。
8. 你能充分享受业余时间。

9. 每时每刻都能将紧张转化为放松。

10. 你能心情愉快地入睡并以良好的心情醒来。

11. 你不会感觉到压抑。

12. 你能够自由地发挥能力。

13. 你能体验到自信心的提升。

14. 你能获得更为强大的精神力和意志力。

15. 你能在紧张状态下专注于自身。

16. 你将在极端情况下保持清醒的头脑。

17. 你能相信自己以及自身反应。

18. 你能发现自己变得更加勇敢和乐观。

19. 你能将问题看作是机遇和挑战。

20. 你能培养出良好可靠的记忆。

21. 潜意识将成为你最好的伙伴。

22. 你的个人心态能变得明朗与乐观。

23. 你将成为一位既受欢迎又受关注的出色的人。

24. ____

25. ____

26.

____

你是否还体验过这一方法带来的其他优势？请你把上面的列表补充完整！

- 只要我愿意，我就能做到！
- 成功的人生以成功的言谈这一能力作为出发点。
- 我们的精神无比明智，人们必须求助于它。通往成功的大门是向内心敞开的！

你能成为你想成为的那类人

你是否认识一个绝对完美而无瑕疵的人呢？答案是否定的。没有人能认识这样的人，因为每个人都会犯错误，没有任何人是完美无缺的。关键之处在于要认识到即便有缺点，我们仍然能构建出一个幸福美满的生活。这就是我们在生活中应尽的职责。因而，即使存在着错误和缺点，人们仍然可以最大限度地发挥自身的天资禀赋。

“世界并不美好，但它能变得美好起来。”

——维克多·弗兰克

请你再仔细考察一下“完美之人”的象征模式，它也被称为阴阳模式。完美之人安稳地站立着，他的双腿坚实地矗立在大地之上，而他的立场则是坚守并维护自身的独立自主，他是为自己的理想和目标所生的。

这样的人顶天立地并始终能保持平衡，他既发挥出力量又展现出和谐。他给人留下一种自信的印象，能坚持用头脑思考并总是满怀信心。他相信自己能够实现一切可能，抓住一切机遇，尤其是能把握自己的未来。他能忍受生活的压力并且具有超人的承受能力，其内心的坚定是一股源自体内的巨大力量。而与此同时许多人却可以被比喻为洋葱：他们拥有不计其数的“球瓣”和一层光滑的“外皮”，但缺乏真正的内核和中心部位。人类内在的核心是获得成功生活的基本前提：

那些立足于自身且拥有核心的人才能在这个时代的忙忙碌碌中成长起来。

阴阳图是中国道家哲学的一个标志。道家哲学以下面这一点为出发点，即我们生活在一个相对的世界之中：日与夜，退潮与涨潮，男性与女性，幸福与不幸，成功与失败。我们生活在一个每天都需要被宣称和验证的世界里。当世界与命运在正反两方向交会时，这一标志就会从中应运而生并不断重复地显现出来。

我们要把这种类型的人当作榜样来看待，进而使心态变得平和，以便在遇到失败或不公正的事情时能及时矫正自己。这样一来，我们便可以推动自身的命运，而不是去毁坏它。许多人急于求助于准绳，这是因为他们一直都没有找到核心所在的位置。这条“成功之路”的哲学能帮助你逐渐按照自己的核心来生活并同时保持内心的平稳。

能找到自身核心的人同样也能成为他人的核心。

我们的训练方案能赋予你自助的能力，你可以用它来辨识和把握生活中出现的机遇。变化的才是现实的。大多数人总是想要达到或想要表现出某种状态，但却不愿意改变自己目前的状态。仅仅梦想或谈论是远远不够的，人们还必须主动实践去达成那一理想的状态才行。一个真正成功的人也成为了其他人的榜样象征。他坚信自己能创造未来。因此，他并不说：“我相信自己。”因为它只是华而不实的言辞，而宁愿说：“我相信自己的未来。”这就意味着他认定自己能够抓住眼前的机遇并且信任自身的能力。他能够在未来实现其目标，这是有强烈自信心的标志！每一个人都是独一无二的，他们都拥有属于自己的愿望和机遇：

一个认识到自己独一无二的特性且认可自身身份的人，必定是一个内心平稳且能承受住压力的人。

平稳的一个基本前提就是身体的舒适，以成为“完美之人”为理想目标而努力奋斗的人应该均衡地守护他的身体、精神和灵魂。最终还是需要依靠每天24小时传输能量的身体的帮助，我们才能成功地构建出理想的生活。要是我们缺乏健康以及精神力量，那些伟大而又激动人心的目标就只能停留在纯粹梦想的阶段，人们也因而无法主动地实现它们。

训练：

你能在接下来的日子里为身体做些什么呢？为了让身体达到更好的状态，请你在即将到来的下一周里实行某一项应对措施，并且想出三种能在后面六个月里长时间进行的活动吧！

____

____

____

____

____

____

____

我们要担负调整自己身体状态的职责，使其有能力应周边环境的要求创造出更多活力。对此你已经身处某种优势之中了，因为你时常在阿尔法状态下放松身心并取得与潜意识的联系，而这一点对你的身体而言十分重要：在这种放松的状态下，你能增强自己的力量和能量，就好像是处于深度睡眠之中。这样一来，我们就能在生活的一切层面上确定自身的状况并保持平衡的心态。

·那些立足于自身且拥有核心的人才能在这个时代的忙忙碌碌中获得成长。

·能找到自身核心的人同样也能成为他人的核心。

·一个认识到自己独一无二的特性且肯定自身身份的人，必定是一个内心平稳并能承受住压力的人。

每一小时都很重要

你是否属于规划生活比规划假期更不在行的那一类人？对于规划来说每一个小时都很重要，命运每天都为我们提供了无数的可能性，使得我们能成功地规划现在与将来。每一天你都拥有做成某事或达到某一目标的机遇，即使它们在昨天对你来说仍然是不可能做到的。正因为你已经无法改变过去，所以更应该将所有思想的力量都集中在未来的成功上，其具体的原因如下：

没有思考过未来的人就不能拥有未来！

你是否和其他人一样只有很少的时间？或者说你根本不知道这和时间有什么关系？

消磨时间的人势必会丧失机遇并失去未来。

“谁让时间从手边溜走，谁就在无形中让生命也从手边溜走了！”维克多·雨果曾这样说。与其相反的是，能充分利用时间的人有能力充实他的生活。“我们拥有的时间并非太少，而是不加以利用的时间太多了。”塞内卡也很清楚这一点。

了解自身愿望的人能够找到时间去做对他来说重要的事情：喜欢跳舞的人总能找到机会跳舞，而喜欢看电影或长时间散步的人也总是能抽空去做这些事。还有就是深处热恋之中的人能突然发觉自己有很多以前没注意到的自由空间。

训练：

请你弄清楚为什么自己只有很少的时间，并将以下四句话补充完整：

我只有很少的时间，因为我……

____

____

____

当我……我就有了更多的时间。

___

___

___

我浪费了太多的时间，因为我……

___

___

___

我很少想到制订时间计划，因为我……

___

___

___

制订一项有效的时间计划的前提是你能分清哪些事情是你想做的，哪些不是。你必须一直这样问自己：我到底想要达成什么样的目的？“时光如梭在你身后匆匆而过，但秩序却能教会你赢得时间！”歌德在《浮士德》中借靡菲斯特的口这样说道。所以你应该彻底规划好自己的一天。

训练：

请你把明天所要做的事情都写下来，然后给自己列一个表，并且把你所有想到的小事也记录下来。最后请你做一下评估：用字母ABC整理一下这些任务：

A任务代表最重要且必须完成的事情，你每天应该最多安排2~3个A任务。

B任务是其他重要的事情。

C任务是那些既可以留着不做又可以让他人代办的事情。

A任务：

____

____

____

B任务：

____

____

____

C任务：

____

____

____

如果你在夜晚到来之前按照这个方法做好准备的话，它们最多只会花费你5分钟的时间，你就能在接下来的一天里节省更多的时间。（你可以复印下面的表格并把你所要完成的任务填进去；请你将表上的时刻看作一个大概的时间点，而不是强迫你必须到点完成的时间。）

你能立刻看到所要做的事情并且对应该优先完成的任务一目了然。请把每个A任务都标记为红色，这有助于它们在你的潜意识中变得更加醒目突出。这样一来，你就能弄清在接下来的一天里哪些事情对你和你的未来具有重要性。无论你有多少事情要去做，你总是能完成一项A任务。因此，你自然而然每晚都能至少体验到一次成功。

（你能将每天获得的成功体验与其他三种幸福体验一同记录在幸福日记里。你可以借助这一方法轻松地发现自己是如何一步步踏上成功之路的！）

如果你能每天提前看一看这个计划，就能发现所记录下的某些C任务可以由自己来完成，也可以让其他人代办。这下你又能从根本上赢得更多的时间了。

不要同一时间用尽可能多的锅烧水，也就是说不要在尽可能多的领域中追求一个平庸的成绩，而是要在特别指定的领域里做出最出色的成绩。

我要让今天过得有意义

年：________________

日期：________________

6	
7	
8	
9	
10	
11	
12	
13	
14	
15	
16	
17	
18	
19	
20	
21	
22	
23	
24	

训练：

请你毫不迟疑地回答以下问题：

你在哪一方面可以做得更好？你是哪一领域里的大师？

你特别擅长做哪些事情？

你的个人优势体现在哪里？

为了能实际应用这些天赋，你还需要做些什么？

A．明天

____

____

____

____

B．接下来的一周

____

____

____

____

C．接下来的一个月

____

____

____

____

请你在计划中记录一项第二天所要完成的A任务，并竭尽全力发挥自身特质去完成它。

每一种天赋只有在实际中得到证实才能充分展现出来。

请你与日常生活中的浅薄道别吧，你将因此而变得与众不同！请你把如何施展自身天赋的想法写下来，因为与仅仅通过大脑思考相比，潜意识可以通过视觉刺激而被强烈地激发出来投入运作。

请你不要总是做“事后诸葛亮”，而应该成为这门超前思维艺术的大师。从今天开始，请你更多地考虑自己的未来，而不要纠结于过去，因为过去已经无法改变了！对未来的规划和超前认识并不是脱离实际的幻想，而是要把今天理解为明天的基础上加以运用，所以你应该开始对不同的生活领域进行有针对性的设想。

为了能实现某种可能性，你应该面对外部环境努力奋斗。

不那么做的人虽然能保持一定的安稳，但却永远无法实现其可能性。你准备在下一年为个人、家庭以及自己的职业制订一个什么样的计划呢？

请你在接下来的几天里花一些时间完成下面的练习，它们就是你在未来获取成功所要完成的A任务！

训练：

请你记录下未来所有的个人愿望、目标和观点。“所有”意味着你所拥有的一切思想，当然也包括那些微不足道的、不现实的和毫无收益的想法。

请你在一个大文件夹上写下“我的未来”的字样，并在其中每一页的第一栏中夹入你所记录的愿望，然后在这一栏的下面分类标出以下标签：

1．职业

2．家庭

3．健康

4．进修

5．业余时间

请你把生活中以上几个领域内想要体验到、学习到、看到、买到、达到、做到以及实现的愿望都记录下来。请每周至少用一个小时的时间整理一下文件夹，并且不断更新其中的内容：请添加你在某一时刻觉得有意义的所有新想法和新观点。

你一定拥有许许多多的灵感和直觉，以至于完全有能力认清正确的前进步骤并采取相应的行动。对愿望和目标的实现是不可阻挡的，它们一定能成为现实。只要你按照一定的条理进行思考或观察，你的潜意识会自然而然地开展创造性的工作。“重视能产生某种程度的强化！”你的直觉能力会变得越来越强，而书写和计划的方式则可以保证你最大限度地运用自己的能量。

· 不思考未来的人就不会拥有未来。

· 每一种天赋只有通过证实才能被展现出来。

· 努力面对外部环境的人能够实现自身的可能性。

请利用好时间

请利用好时间， 你要花费一些时间去工作，
这就是成功的代价。

请利用好时间， 你要花费一些时间去思考，
这就是力量的源泉。

请利用好时间， 你要花费一些时间去玩耍，
这就是年轻的秘密。

请利用好时间， 你要花费一些时间去阅读，
这就是求知的基础。

请利用好时间， 你要花费一些时间去快乐地生活，
这就是通往幸福的大门。

请利用好时间， 你要花费一些时间去梦想，
这就是成功之路。

请利用好时间， 你要花费一些时间去热爱，
这就是真正的生活乐趣。

请利用好时间， 你要花费一些时间去高兴，
这就是灵魂的音乐。

测试：你身上的压力有多大

如果即使不经常给自己加油鼓劲，也不总是把自己弄得筋疲力尽的话，我们就一直能够具备许多可供应用的力量和能量：请你给符合下面这些陈述的选项做出标记（是/有时/否），以便确定你是否懂得如何通过自己的力量变得乐观。

	是	有时	否
我平均一天工作超过七个小时。	○	○	○
我在常规工作时间之外仍然工作。	○	○	○
我的工作日时间太短了。	○	○	○
工作使我费尽心力。	○	○	○
我有一些耗费时间的业余爱好。	○	○	○
我在一个月内有超过六次在晚上外出。	○	○	○

（续表）

我大多数时候都在电视机前恢复精力。	◯	◯	◯
我的假期太少了。	◯	◯	◯
我有时会在夜里醒来。	◯	◯	◯
我有时会使用令自己兴奋起来的药物。	◯	◯	◯
家庭消耗了我许多能量。	◯	◯	◯
我更愿意在孤岛上生活。	◯	◯	◯
我的工作时间可以按照计划来分配。	◯	◯	◯
我的工作方法很多样。	◯	◯	◯
我自己支配工作。	◯	◯	◯
我得到了工作上必要的支持。	◯	◯	◯
目前的企业氛围能够激励我的工作热情。	◯	◯	◯
我经常做精神上的锻炼。	◯	◯	◯
我为进修而读书或上课。	◯	◯	◯
我能在业余时间里忘记职场上的烦恼。	◯	◯	◯
我能很快入睡且睡得很安稳。	◯	◯	◯
我每天最多喝三杯咖啡。	◯	◯	◯
我保持健康的饮食习惯。	◯	◯	◯
我经常进行体育锻炼。	◯	◯	◯

评价：

请你现在计算一下表格内的“是”选项减去表格内的“否”选

项的总数。然后再反过来数一数。这时你可以得出三个数值：

“是—否”数值：

“有时”数值：

“否—是”数值：

如果你统计的“是—否”数值超过12个

你就必须采取一些行动了。分配工作也就是分配时间。请你给生活中重要的事情留出更多的时间，并依照合理的计划做出决定！请你至少在两周时间内每天晚上持续地为第二天列出一个任务表格。但首先要顾及自己的健康状况并保证充足的睡眠。

如果“是—否”数值和“有时”数值的总数超过18个

我们就建议你加强一下精神锻炼。这个建议当然也可以被用于更加理想地分配时间。时间不应该仅仅被理解为金钱，它还能反映出生活质量的高低。请相信你心中发出的声音。

如果“有时”和“否—是”数值的总数为18个以上

这就说明你已经很好地掌控了生活。你不但能较好地维持身体健康，还能创造出源源不断的活力，并且有能力逐渐养成良好积极的习惯，以便让工作压力不会导致你超负荷运转。

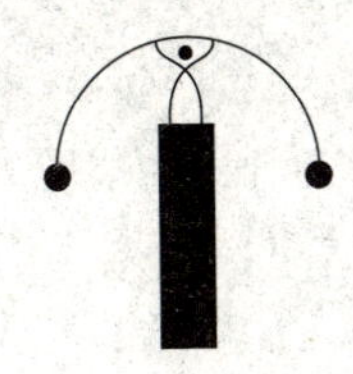

第三章
积极进取：点燃激情的火焰

“勇敢以想要勇敢的愿望为基础。”

——基爱伦

关键时刻你有多少勇气

许多愿望、目标和计划听起来都不错，但却总是缺乏勇气去实行决定性的一步将其实现。一切都取决于我们自身，我们远比想象中拥有更多的能力和可能性，但如果不付诸行动的话，就永远不会取得成功。成功只有在我们去具体实行的时候才会出现！勇气属于成功的一部分，因为没有什么是比焦虑更能阻碍人们发挥出人格特性的了。

《圣经》中说："越是担忧，害怕的事情越会降临到自己头上。"焦虑不但能损耗我们身上那些有价值的能量，还会阻碍我们的思想，并且阻止我们认清前方的道路和找出解决问题的方案。勇气在许多情况下扮演了一个重要角色，而体育就是其中的一个例子。绝大多数体育项目对参赛者的前提要求都是相同的：他们可以使用同样的技术装备，拥有同样的技术条件和有经验的教练，具备同样一流的物资储备。然而成功却取决于个人的人格特质，所以关键在于在决定性时刻来临的时候一个人能具有多少勇气和自信。

训练：

请你记录下4~5个必须鼓足勇气才能克服其周边障碍的事情。

慢慢损害并且消耗一个人精力的并非是工作、压力、疾病或者过于稀缺的休息时间，而是那些诸如焦虑或担忧等内在因素：“焦虑会将灵魂一口吃掉。”赖纳·维尔纳·法斯宾德用这句话给自己一部令人难忘的电影命名。我们将注意力过多地投注在那些能剥夺自己生活乐趣的事情身上，这就是所谓的消极期待。焦虑所引起的毁灭性后果曾表现在一个古老的阿拉伯故事里：

置人于死地的霍乱在死神的陪伴下来到麦加，他们想进到城里面。守卫城门的士兵允许二人入城，但他却要霍乱承诺只带走不超过500个人的生命。不过令人始料不及的是，恐怖在城市中迅速蔓延开来，最终造成了1000多人死去的结果。“霍乱其实只取走了490个人作为祭品，”死神在离去的时候对士兵说道，“但你并没有意识到恐慌在这个城市中发挥的潜移默化的作用，由它所引发的灾难可要比霍乱大得多！”

焦虑就好比是神经电池在漏电：它损耗我们的力量和能量，毁灭我们的希望、愿望以及目标。它不仅可以摧毁我们的现在，还能销毁我们的未来。焦虑是我们最大的敌人，它是我们身体内具有毁灭性力量的魔鬼。内心焦躁不安的人会给他人带来焦虑，但反过来也一样。

勇敢的人能创造出更多的勇气!

勇敢的人拥有一种潜藏着的生命力。心中充满焦虑的人或是违背实际而挥霍力量的人无法进行有针对性的活动。这一点反映在第十二条法则中：

赞同可以激发出力量，而拒绝则毁灭生活的动力。

所以你不应该把精力集中在焦虑身上，而应该更多地关注自身的勇气：越是明确周密地设定目标和制订计划以便使其得以实现，你怀着勇气、行动力和干劲儿进行实干的前提条件就越是良好，而与此相应的焦虑就会变少且自信心会变得更足。规划未来的人能预知自己将会面对什么样的事情，所以不会对明天的到来产生畏惧。

每个人都拥有足够的资源储备，但人们必须积极行动起来才能充分利用它们。这一步骤是意识转化进程中的最后一个环节，它是从你拥有“我活着”这一自我生存意识开始的。随着这种自我意识的不断发展，紧接着会产生一种“我存在”的存在意识。如果这时候我们将自己阐释为带有诸多愿望的存在体，则“我想要”就会应运而生，它能进一步从一种意志力信念发展成为“我能够”。而最终这一从理论到实践、从观念到成功的最为关键的一步终于到来了，那便是“我行动”。

这最后一步要求将勇敢转移到实际行动当中，并同时将每个人都具备的可能性明白无误地展现出来：我们每时每刻都能应用内心神圣的火焰、与生俱来的力量和能量以及总体上的创造力，取得个人的成功。

勇敢的人满怀乐观地想象着自己的未来。

这一类人具有伟大的计划，他们想要在生活中达成许多目标，并且相信自己有义务承担新的职责。你是否也能如此这般地思考未来？

训练：

请你根据以下问题检验一下自己到底拥有多少行动力和勇气，并且尽可能举出具体例子：

1．职业

请你从以下态度出发评判一下自己的工作：“我如何才能做到更好？”你能尽可能地赞美你所在的公司、你的同事和贵公司的产品吗？

依照你的个人评价标准，你是否觉得自己的工作量和工作质量与三到六个月前相比已经有所提高？

你能举一个和同事有关的例子吗？

___

___

2．家庭：

你的家庭生活是否比三到六个月前更加幸福？

你能否按照计划行事以便改善家庭的生活质量？

你的家庭是否有许多令人兴奋的户外活动？

你是否给孩子们留下了一个勇敢者的印象？

___

___

3．人格：

你能否实实在在地宣称自己比三到六个月前更有价值？

你是否实施了一个系统化的“自我改进项目”，以便能为自己和他人提高自身价值？

你是否已经为未来制订了为期至少五年的计划？

你是不是所属组织内部一位举足轻重的成员？

焦虑和恐惧能成倍地消耗力量、勇气和行动力。

“请你认识到自己想要成功的决心比其他任何事情都重要！”

亚伯拉罕·林肯曾这样说道。想要取得成功的决心总是能够激励人们行动。请你仔细读一读下面两组对照的词语，然后再决定站在哪一边。

焦虑的人	**自由勇敢的人**
内心不安且行动处处受阻	表现得很平稳
过一种“向内”的生活	过一种“向外”的生活
不善于表露情绪	善于表达情绪
言谈中不带感情	言谈中带有感情
避免与他人打交道	力图与他人交流
身体保持紧张状态	身体保持放松状态
寻求认识	寻求经验
既无勇气也无兴趣	满怀勇气与力量
不满意	满意
感到不幸	感到幸福
不能充分发挥能力	能充分发挥能力
不成功	成功

（续表）

紧张兴奋	安静平和
把错误归咎于他人	自己承担错误
沉溺于自己的想法	更多地思考社会
生活在幻想中	生活在现实中
做白日梦	采取实际行动
被动谨慎	积极主动
影响力很小	能够影响他人
语言空洞死板	语言生动活泼有意义
习惯于说谎	真实
不被承认	被广泛承认
总是生病	总是能保持健康
很少能富有	能创造财富
很少能有生活乐趣	享受生活
拥有焦虑的声调	语气坚定自信
常常错过机会	能抓住机会
避免与他人来往	寻求朋友并与许多人保持联系
自私	是一个明智的个人主义者

我想成为一个________________的人。

如果在实际行动中缺乏勇气和行动力，即便有最好的想法也无济于事。不过，要是你能把下面几点埋藏到内心之中，就能提升自己在勇敢方面的潜能：

1. 你可以继续发展自己的优势，对自身清楚的认知则意味着有能力消除那些偶然事件的影响并且用勇气武装自己。

2. 焦虑可以被用来进行积极性的工作。焦虑意味着不安定而且对事物发展抱有不清楚的认识，不过其中也蕴含着一定的机遇：应该勇敢地选择正确的道路并坚持走下去。

3. 勇气可以被当作实现目标的动力，而且能用来增强自信心和对基础环节的专注力。

4. 勇敢地采取行动能使每一次行动在开始时变得简单。请你不要在实际行动之前继续虚度光阴了，勇气可以节省下时间。

5. 勇敢是能从你脸颊上立刻读取到的生命力——勇气创造出魅力。

6. 你的名字将在未来成为勇敢和准备就绪的代名词。请你勇敢自信地说出自己的名字，以便增添你生活的动力。

7. 勇气能改变你的肢体语言和表达方式并且改善你的健康状况。勇气促使你发挥出人格特质，使其不仅停留在语言层面上，还能成功地付诸行动。

8. 勇气使你感到满足并且开始重视生活的意义。你可以更好地面对他人的意见并同时仍然坚定地保持自己的观点。

9. 勇气可以被灵活自由地运用到许多行为上面。它是你个人品格的保证。

10. 请你鼓起勇气并且凭借它来更好地认识自己。请你为自己划定好新的界限。

勇敢的人往往也是自信的人，而且能表现出自信和乐观。他不但能不断地提升自己的创造力、追求成功的意志以及行动的紧迫感，还能全神贯注地将计划转变为现实并克服内外阻力。他并不惧怕未来，因为他知道：未来是由他自己创造出来的。

勇敢地思考、计划与行动是我们个人继续发展的决定性因素。勇敢并不意味着鲁莽，它不但要能规避无法计算出的风险，还应该严肃地对待我们所有的观点。勇敢依赖于我们制订的乐观的计划，并且能引导我们以沉稳坚定的态度实现目标。

- 勇敢的人总是以乐观的态度思考未来。
- “请你认识到自己想要成功的决心比其他任何事情都重要！”
- 勇气能为基础环节节省下时间和精力。

点燃内心的激情

兴奋的人能被那些吸引他的事物完全征服。兴奋的人也不会选择妥协。他很清楚自己有能力达成目标，因而会表现出一副平稳的形象。不过兴奋不仅仅是向外起作用，兴奋的人能够少受紧张的影响。兴奋可以改善新陈代谢，刺激血液循环，促进消化并使人在总体上感到舒适。

自信能使实现目标的人有能力保持兴奋的状态。他不但拥有惊人的动力而且还能感染其他人，使得他们也为计划而兴奋并以其意志为导向采取行动：

每一个燃烧的火焰都能点燃其他的火把。

通过兴奋你能使他人……

激励	鼓动
启发	愉悦
鼓舞	激发
塑造	满足
鼓励	吸引
诱惑	取悦
留下印象	进入你所在的轨道
鞭策	振奋
激活	感动
着迷	动员起来
迷惑	激动
陶醉	好奇
赞同	刺激
获得	释放

训练：

请你设想一种情况，在这种情况下你因某事而变得兴奋起来：你此时会有什么样的感受？请你至少用15个关键词来描述。

____

____

____

____

____

____

纯粹的兴奋之情就是爱情：爱上某人就会义无反顾地进入兴奋状态。谁的内心燃起了兴奋的熊熊烈火，谁就能兴奋与乐观地思考、感受和行动。此时此刻他便拥有了胜利者的态度并且有能力取得每一次的胜利，甚至包括那些战胜自身缺点的胜利！

你的所想与所信都能够完整地表现出来，这种表现就是所谓的人格魅力，它是和周围人发展人际关系最为快速直接的道路。它能通过在内心中做好准备而得到发展和运用。魅力是一种使人着迷的艺术，人们往往能够体会到榜样的力量。

训练：

哪三个人是你心目中的榜样？请你说明理由并试着发现这些榜样的人格魅力都体现在什么地方。

“引导人意味着要使一个人做他想要做的事情，因为这正是他自己的意愿。”德怀特·戴维·艾森豪威尔曾这样说过。使他人兴奋起来是支持他们最为理想的手段，你可以利用振奋他人的方法影响你周围的人，而并不需要去控制他们。你只是利用最简单直接的方法去激励人们做那些对他们来说重要的事情。

只有当你按照自己的榜样去行动的时候，才能被其他人树立为榜样并进一步打动他们。一个拥有榜样的人也同时具备了值得追求的目标。榜样能指示我们如何去做，如果我们有朝一日真的有可能到达目的地的话。

通过接受那些已获认可的行为方式，我们完全能够在通向目标的道路上行走得更加轻松一些。榜样总是与保持形象和制订计划密切相关。榜样就是所谓的激励者，它鼓励其他人参与模仿。

魅力与动力能帮助一个人塑造其品格特质，这些品格特质相互间紧密关联。它们诞生于兴奋的火焰之中，点燃内心之火并保存火种的有效方法就是确定一条通往潜意识的道路。

训练：

如果你想要增强兴奋的力度，就请熟记以下这段心灵感应式的文字。请你每天练习四次，以便使其在潜意识深处发挥作用：

“我下决心抓住生活中的机遇。因为我热爱自己的目标，所以要点燃兴奋的火焰。这一兴奋的火焰为我个人的成功创造出肉体和精神层面上的前提条件。要一直专注于自身的行动，我的兴奋之情促使自己采取行动。我有成功的权利，因为这将有利于其他人的利益。兴奋的火焰证明我并不抑郁，兴奋有助于我实现伟大的目标。”

我们满怀兴奋为实现外部世界的一切可能而努力奋斗。著名的

指挥家赫伯特·冯·卡拉扬曾说过：“宣称自己已经取得一切成功的人其实从来没有追求过伟大的目标。”只有拥有乐观、勇敢、兴奋的态度并且热爱自己的目标，人们才有能力战胜时代所带来的困难与挑战。这些品格特质保证了我们内在的发展，并且能在我们身上发掘出出人意料的潜在资源。

乐观主义者通过履行职责而获得成长！

兴奋是帮助你达成目标的重要因素：

·兴奋进一步强化你坚定的信仰和信念。

·兴奋激励人们去行动。

·兴奋如同发光的射线一般将消极的方面转化为积极的方面。

·兴奋使命令得到严格的贯彻。

·兴奋是开启大门的钥匙。

·兴奋意味着影响而非控制他人，能让他人兴奋的人不会使用强迫的手段。

·兴奋意味着经常显露自己的态度。你可以通过振奋他人精神的方式将其思想与感受导入一个令人感到合适的方向中去。兴奋还是让他们支持你的手段。

· 兴奋唤醒自信。

· 兴奋使无聊不再出现。

· 一个兴奋的人不会选择妥协。

· 兴奋使你成为完整的人，它是你并不忧郁的证明。

· 每一个燃烧的火焰都能点燃其他的火把。

· 乐观主义者随其责任一同成长。

· 兴奋是你开启大门的钥匙。

坚持打破心中的壁垒

德谟克利特曾在他那个时代说过以下这段话：“与仅仅依靠天性相比，更多的人通过练习才能很好地掌握技艺。”安娜·帕夫洛娃则说：“没有人仅凭天赋就能生活，天赋是上帝赐予的，然而只有艰苦地工作才能最终造就出天才。”

这一点一直体现在伟大天才们的生活中，还包括获得成功的运动员、著名的政治家和经理人等。以乐观和兴奋的心态将注意力集中于自身优点的人，有能力取得伟大的成功。并不是尽可能地四处尝试，而是要在自己专属的领域内做到最好。我们只有通过不断练习、实践和重复改进，才能达到这一目标。

训练：

在什么样的情况下，你会觉得为了取得成功而进行必要的坚持是一件困难的事情？你清楚这其中的原因吗？

____

____

____

____

____

____

____

____

一个明确的目标以及坚持不懈是取得成功的保障。

这句话不仅适用于行动，也适用于我们的思想：通过不间断的重复，思想能轻松地进入潜意识中，并极力支持我们找出解决方案，进而实现既定目标。思想的能量通过重复而得到了凝结，这就引出了生活的第十三条法则：

持续重复某一观点可以首先使信仰得以树立，然后再形成具体的信念。当然，这些信仰和信念也可能是消极的。

请你注意不要把消极信念植入思想之中。一旦这样，它们就不再那么容易被挤出来。不过，当你进行积极的心灵感应时，它们就会消失不见，并由此产生持之以恒的耐力。通过坚持不懈地重复那些建设性的、乐观的思想，你就可以随着时间的流逝而摆脱那些破坏性的、消极的影响。请关注你真正有能力做的事情并且改掉不良的习惯。马克·吐温说："人们应该把不良习惯扔出窗外，然后再从楼梯拾阶而下。"

重复不会令你感到无聊，而是能使你达到完美的境地。

信仰引导行动。专注导致成功。重复则使技艺炉火纯青。

以上就是第十四条生活基本法则。通过每天坚持不懈的重复，你内心中的壁垒就会被破除。从前那些不可思议、无法想象以及不可能做到的事情也都能做到了。每一次对思想和行为的重复都能使人们更好地熟悉它们，而有能力产生创造性思想的力量也会出现。

潜意识能更加有效地运作，乐观也可以同人格魅力一起竞相增长。

对积极性思想的不断重复还能使思想本身不断成长。一株只浇了一次水的植物难以成长为一棵参天大树，你还需要时常对其进行呵护与照料才行。所以也请你对自己的内在发展给予一种成长性的刺激。请坚持冥想并且每天不停地进行心灵感应。

每一次的重复都是一种深化的过程。

训练：

请你大声朗读下面这段心灵感应式的文字并时常重复它们：

“通过重复，即便是最困难的事情也会变得简单。我的指尖感受力与第六感也能日复一日地得到发展，潜意识也因此能更加精确地运作。我完全可以自然而然地获得成功。”

与此相关的另一个重要的活动就是我们对周边环境的反应：我们在这一方面做得越出色，周边环境对我们的接受度就越大。这能鼓励我们争取更大的成功，并且进入到一种良性循环之中。

我们完全可以支持别人发挥其能力并取得更大的成绩：一份积极的反馈常常能释放出巨大能量。如果我们无法对其成功产生共鸣，就会失去增加自身成绩的潜能，并最终与成功和成绩无缘。

所以我们应该每天最少三次给予他人一些赞美和鼓励性的话语，请你帮助周围的人发展其内在潜力。当你对他人的成功给予更多关注的时候，你就能很快养成一种随时随地追求成功的习惯。你可以用他人对你的承认来证明自己拥有持之以恒的精神。你得到赞美时一定会非常高兴的。

越是重复某一行为（也可以是开始时的思想、愿望以及对目标的设想），其积极效应就越发能明显地显现出来：

·理论知识可以通过重复而转变为实践经验。

·个人能力得到提高，你会变得更加安全可靠。

·成绩可以一次次地提高。

·每一次重复都能释放出一种新的思想或行动力量。

·潜意识可以更加精确地参与运作。

·你能使自己的能力达到完美的程度。

每个人都有可能开始做某件事，然而只有凭借坚持不懈的精神他才能成为一位王者。

如果人们失败的话，那并不意味着他们没有良好的意图或目标，而是因为缺乏将一个有价值的计划贯彻下来的持之以恒的耐心。

训练：

你知道有谁是通过练习和坚持不懈地重复努力而成为大师的吗？请你写出三个人的名字。

____

____

____

____

____

____

此外，一个取得了成功并且知道如何引发成功的人，一定无时无刻不在进行重复性练习。只要按照既定的法则，成功就会自然而然地出现，这些法则就是以上所提到过的生活的基本法则。所以你应该多重复温习这些法则并将其熟记于心，直到它们牢牢地固化于你的潜意识之中。

训练：

请写下你所经历过的最成功的场景。你为了取得成功都遵从了哪些法则？你是想要重温这些成功，还是想在其他的领域中努力尝试一下？

____

____

____

____

____

成功起始于乐观的思想。

如果一个人从一开始就不相信自己能成功，那么他就永远都无法取得成功。乐观主义者拥有更多成功，其众多原因之一就是乐观主义者不会很快地放弃。马丁·塞利格曼针对此曾说过：

“一个乐观的人往往能够做到坚持不懈，即便在日常生活中遭受到了挫折，甚至是巨大的失败，他也会坚持下去。如果他在工作中遇到了障碍，也仍然会勇往直前地继续下去，尤其是在其竞争对手遇到相同障碍而止步不前的时候。”

·一个明确的目标以及坚持不懈是取得成功的保障。

·每一次的重复都是一种深化的过程。

·每个人都有可能开始做某件事，然而只有凭借坚持不懈的精神他才能成为一位王者。

跌倒并不是一件耻辱的事

“不要学着从消极方面去认识事物，不要受到消极影响的压制。”诺曼·文森特·皮尔如此这般说道。没有任何人是完美的，也没有人能得到一切。问题与困难的出现并非是软弱与无价值的标志，而是生活的一个十分普通的组成部分。人与人的不同之处仅仅体现于如何战胜困难和克服障碍。

我们无法感受到许多困难，那是因为它们已经成为了人们习以为常的任务。当我们遭遇到一个巨大的困难并为此感到吃惊的时候，反而会感到吃惊不已，因为在那一瞬间会产生一种被苛求的感觉。在这样一种情况下，我们才能意识到自己是否已经做好了应对危机的准备。越是早一点承认生活并非一帆风顺，我们就越是能提高承受能力，从而不会被一些小事打破内心的平静。

依照“大数定理”得出的成功比率大致为6：4，这就意味着，

乐观还是悲观？
这是一个问题。

从计算的角度来看，每十次行为中有六次成功和四次失败。为了成功地实施那六次成功，也为了达成那六个目标，我们从一开始就必须至少采取十次行动才行。

不能达到目标总是比没有目标要好一些。

对失败报以失望是人之常情，这一点对每一个人都适用。生活总是不断地产生失败与问题，但千万不要因为失败就丧失掉勇气。一次失败更应该能激励我们做好下一次的准备，或者是再选择一条别的道路去尝试。我们决不能被失败搅得内心不安，也不能因此而犹豫不决。我们要鼓足新的勇气，以乐观的心态继续追求自己的目标。

跌倒并不是什么耻辱的事情，但一直倒地不起却是一种可鄙的行为。

乐观主义者基本上能对问题抱有一种积极的态度：他们不会将其看作能导致人失败的东西，而是视为可以借此测评自己并因而得以成长的一种挑战。一个乐观主义者拥有某一目标，并且熟知自己达成这一目标的能力。只要他仍然在通往这一目标的道路上前行，克服前进中的障碍就是不可避免的，正是途中出现的问题赋予了他展示自己的机会，并使他了解到自身能力的大小。阿尔伯特·爱因斯坦曾说过："如果你想做到最好，就不能指望别人为你清理前进道路上的石头。与其相反的是，如果你想做到最好，就得预先设想别人会往你的道路上不断地设置石头。"

有时候问题就出在我们自己身上。如果我们对形势做出另一番预判，或是拥有某种其他的人格特质，或是以另一种方式做出反应，那么我们在某一特定环境下就不会再有任何问题了。所以问题的本质其实应该是：是不是我自己有问题？——我自己就是问题所在吗？

训练：

请你记录下最近三次遇到问题时的情形，如果你是另外一个人或者用另外一种方式回应的话，你又将如何面对这些情况呢？

许多问题都可以被拆分为若干个小问题，从而使每个小问题都变得不那么难以对付。你能够以下面的认识作为出发点，即一个问题是由许多不同层面组成的，你可以一层层地按照次序解决这一问题。请你从最简单的层面入手，然后再上升到问题的核心部位。这样一来你就能赢得对自身能力的自信并进一步克服困境，进而为完成伟大的任务而努力奋斗。

成功是乐观主义者能看到某一问题与其答案之间关系的能力。每一个问题中都蕴藏着解答的开端。我们因而可以这么说：

成功就是问题已得到解决。

我们不仅会遇到日常生活中的小问题，还能碰上那些被称为噩运的事件，而对这类事件即便人们拥有坚定的意志也仍然无法预料。每一个人在生活中都会碰到不可避免的失败，一个人肉体和灵魂上的打击往往能将其抛出正常的生活轨道，然而在这一环节上乐观主义者却和悲观主义者有着明显的区别：乐观主义者勇于面对挑战并且接受挑战，他知道：成功就在于克服阻力，而最大的阻力却往往来自于人的内心。

一个乐观主义者将失败和不幸看作是提示他进行彻底改变的警报信号。他要担负起克服困境的职责并尝试用一切方法寻找解决方案。即便身处最险恶的环境之中，乐观主义者在大多数时候仍然可以将绝望情绪转变为有创造性的、建设性的思想，而这些思想与找寻最终的解决方案密切相关。以下句子可以起到心灵感应的作用：

“我迫不及待地想让事物获得一定程度的发展。”

如果一个人拥有了这样的态度，就能经受住更大的挫折，因为他知道自己能从中学到东西并且能不断地增加成功比率——6∶4。以实际经验为基础的自信心和对自身能力的自信使他区别于一个成功幻想狂。后者相信自己总是可以在最后找到成功的方案或聪明的对策，因而也必定会获得成功。不过，要是之后稍微遇到一点小挫折，他便会变得一蹶不振且束手无策了。

训练：

请你回想一下生活中遭遇到的最大失败。你从那件事中学到了什么？你是否因此而变得成熟？如果明天同样的事情再次降临，你又会做何反应呢？

舒勒博士在其著作《成功无界限》中引用了一位因经济不景气而饱受市场萎缩之苦的日本电影导演的话。这位导演对其领导力做了如下解释："从公司成立之初我们就面临着巨大的困难，但这并不是件坏事！这些问题的出现就好比是身体觉察到了疼痛。大自然赋予了我们一种预警系统，它能提示我们进行必要的改变。""这位导演，"舒勒博士接着说道，"把他所遇到的问题看作是机遇，把前进道路上的障碍看作是机会，而把真理在一瞬间的显现看作是转折性的时刻。我们都能学会从困难中总结出收获。人们应该把不成功的尝试视为一次内容丰富的经验活动。问题实际上提供给我们一种可能性，使我们注意到某一系统的缺点，并由此引出重要且价值非凡的信息。"

一个乐观主义者相信，任何问题都能得到解答，任何危机都有结束的一天，而任何失败都能带来一定的收获。人们必须得看清前方道路才行。也许有一个人能帮助你解决问题，也许失败带来的收获需要长时间的等待才能出现，也许稍微有点幽默感就能助你一臂之力。幽默是十分纯粹的生命活力，只有善于利用这一活力的人才能借助它行事。幽默是成功的乐观主义者最重要的特征之一。“幽默就是人在不顺利的时候大笑。”这条流传甚广的智慧箴言来自于作家奥托·朱利叶斯·比尔鲍姆的准确描述。

幽默是帮助我们克服困境的力量。

·不能达到目标总是比没有目标要好一些。

·跌倒并不是什么耻辱的事情，但一直倒地不起却是一种可鄙的行为。

·成功就是问题已得到解决。

测试：你有多勇敢

你的内在心态能够通过外在表现反映出来。请你用以下问题检验一下自己是否给他人留下了一种勇敢果断的印象，或者检验一下你是不是一个谨小慎微而又感到内心不安的人。请你在相应的选项处做出标记：

	是	有时	否
我总是以微笑开始讲话。	○	○	○
我总是坚决有力地握手。	○	○	○
我能控制自己的面部表情。	○	○	○
我能灵活自如地移动身体。	○	○	○
我的步幅不大也不小。	○	○	○
我的眼睛能觉察出谈话对象的一举一动。	○	○	○
我能以生气勃勃和兴致盎然的态度影响他人。	○	○	○

（续表）

我能操控并且注意到行动姿态。	○	○	○
我能轻松自如地在一群人面前讲话。	○	○	○
稳定的表现总是能引导我走向成功。	○	○	○
我很少为自己辩护。	○	○	○
其他人被我迷住了。	○	○	○
我总是能大声清楚地说出第一个词语。	○	○	○
我尊重他人的私人空间。	○	○	○
我的身体姿态和行走姿态十分协调。	○	○	○
我是个了不起的人。	○	○	○
我的思想清晰而有逻辑。	○	○	○
我在对话时有意识地采用面部表情。	○	○	○
我的肢体语言轻松自信。	○	○	○
我跑得既不快也不慢。	○	○	○
我能自然而又有魅力地采用自己最喜欢的行动姿态。	○	○	○
我能自在友好地注视着其他人。	○	○	○
我的肩膀平稳且放松。	○	○	○
我表现得十分自信。	○	○	○
我的语言表达精确而又翔实。	○	○	○
我能在对话时不断与对方进行眼神交流。	○	○	○
我能使其他人变得放松自在。	○	○	○
如果有必要，我能打破对方的私人空间。	○	○	○
我知道哪些是对我重要的，并且能将其告诉他人。	○	○	○
我的外在表现和内在本质相符合。	○	○	○

评价：

请你现在数一数每一栏中的标记数目。

总共标记了20个以上“是”的选项

这就说明你是一个勇敢、有说服力而且自信的人。你了解自身的能力，清楚地知道你所要做的事情并且完全有能力做到。请你再看一看那些还没有完全掌握的要点，然后在相应的环境下训练自己那方面的能力。从总体上来说，你可以通过外在表现对其他人产生一定的影响。

总共标记了20个以上的“是”和“有时”选项

你同样可以满意于自己的状况：你能轻松自如地在社会生活中生活。在某些场合你甚至可以表现得更加自信。要是你信任自己的能力以及自己所设定的目标，你便拥有了踏上通往目标之路的必要特质。请强化你的优点并且在接下来的时间内多注意自己在与他人交谈和打交道时的行为方式。请认识到自己应该在哪里好好表现并且付诸行动。

如果你标记的“有时”和“否”选项有20个或者更多

那么就应该立即改善一下你的心态和外在表现了。请你从身姿、眼神和行动姿态做起。请训练自己坚实地握手并保持安稳的外在表现。为了增强语言表达能力，请你用洪亮清晰的声音讲话并经常做相应的心灵感应练习。最后请注意观察你面前那一类型的同事，他们了解自身意愿并随时准备好为目标而奋斗。

第四章
你做好全力以赴的准备了吗？

“没有什么可以取代胜利。”

——尼古拉斯·B·恩格尔曼

在实现梦想的路上，跟潜意识好好谈谈

成功不是从天而降的。不仅要成为第一，还要保持第一，这需要有持之以恒的精神。人们都想要成功，然而却只有少数人为成功做好了准备，这是一步一步脚踏实地的过程，而非一夜之间得成的。想要按照自己的想法生活并且取得成功的人就必须得这样做才行。幸福和成功各有其价值，但要是一个人没有准备好有所付出的话，就无法发现这种价值。

每一个在生活中取得成功的人都必须在此之前做好必要的准备措施。请读一读那些科学家、艺术家、运动员、发明家等伟大人物的传记吧，他们已经通过成绩证明了人们完全有可能实现那些宏伟的目标。比方说，马戏团艺术家就是一个典型的例子，他能让我们了解到通过训练，一个人可以发掘出什么样的能力。

对所有的成功者来说开始时都只是拥有某种思想，这种思想可

以进一步发展成炽热的愿望和值得追求的目标，这时对自身能力的信仰和对潜意识参与协作的自信就会不期而至，也因而拥有了迈出第一步决定性步伐的勇气。耐力和乐观以及即便遭遇失败与挫折也不会放弃的目标也不会因此而失去。

训练：

请回想一下你所取得的最大成功。你是否还记得对其拥有的最初想法？一份愿望和一个目标又是如何形成的呢？为了达到目标，你接下来又进行了哪几个步骤呢？请你试着尽可能详尽地至少回顾其中一个事件所独有的处境。

思想——目标——信仰——勇气——耐力：这些都是成功所依赖的基本因素。成功不仅仅以专业知识为基础，它还把一个人的品格特征作为其根基。

你能利用乐观的生活态度发展自己的品格特征。

所有人类的能力都是通过训练发展而成的。你也可以运用运动员提高自身体能的方法来使你的精神和灵魂能力发展到极致。

通过经常性的放松活动，你能够很好地与潜意识取得联系。在放松的状态（阿尔法状态）下，通往潜意识的大门通常能被许多重要的精神力量打开。今天仍旧需要从意识中汲取能量的人可以在短时间内用潜意识来代替。请你再思考一下，你在孩提时代是如何学会骑自行车的：你必须不停地练习各种骑行方法并对其做出反应，直到你的潜意识受到了这一行为的影响进而自然而然地掌握骑行技术。通过将某些重要的任务一遍又一遍地灌输到潜意识中，意识的能量就能被解放出来从而去开拓新的愿望和目标。

如果你已为某一领域的成功做好了准备，下一步就得学习与之有关的一切事情，然后再进行长时间的训练，但你最终还是不得不忘记它们。然而潜意识却不会忘记这些东西，而是会把它们自动存储下来。当需要这些知识的时候，潜意识还能将其快速可靠地提取出来。

潜意识能理解并内化规则，并且能帮助你依靠本能取得成功。

潜意识是你最好的合作伙伴。

成功的品格发展过程并不取决于智力。它需要的是更多积极乐观的思想并且专注于基础性环节。发挥自身能力的力量可以被很简单地释放出来，只要你：

- 尽可能乐观地思考、感觉和行动。
- 经常维护与潜意识之间的联系。
- 重视精神的法则以及生活的基本法则。

一切都源于思想。如果你为了实现目标而动用潜意识的能量，那就意味着你不仅仅只是凭借理性来生活，还运用了意识与潜意识层面上的总体力量，并且将你的思想最终转化为成功。

如果你利用这一方法和潜意识进行协作，你就能展露出内心的真理和声音。关于这一点有一个古老的东方传说。

众神有一天决定创造宇宙。他们先是造出了星星、太阳和月亮，接着又造出了大海、高山、花朵和云层，然后造出了人类，最后则制造了真理。这时候出现了一个问题：众神究竟应该把真理藏在哪儿才能让人类无法立刻找到呢？他们想让人类对真理的探索时间更长一些。“让我们把真理放到最高的山峰上吧，”其中一位神说道，“在那里它们很难被发现。”“让我们把真理放到最遥远的星星上面吧。”另一位神则这么说道。“让我们把真理放进最为深邃幽暗的深渊中吧。”“让我们把真理放到月亮上无法被看到的那一面吧。”最后是年龄最大也最为明智的神发话了：“不对不对。我们要把真理藏进人类的心中。这样一来，即便他们找遍全宇宙也还是找不到，因为真理一直就在他们的心里。”

用心与潜意识交流的人不但能认清真理，还能知道自己应该如何行动才能获取幸福和成功。仅仅取得唯一一次成功是远远不够的，因为生活中的一切都处于不断变化当中，没有什么是保持不变的。就像一切事情都会过去一样，新的事物也将源源不断地到来。

因此，我们需要一个持续一生的成长过程，其中包含着不断新近生成的目标与信念：“信仰引发行为。专注导致成功。重复则能使技艺精湛。”用这一方法不断引发成功的人有能力一直保持胜利者的地位。

训练：

请你阅读下面一段心灵感应式的文字，将其熟记于心并且每天都重温几遍：

“我能做到我想做的事情。我决心赋予生活以价值和意义，因为我知道自己能做到这一点。我有一种强烈的愿望并且能很好地集中注意力。所有浅薄的东西都会消失。专注力能赶走我的焦虑。失败也无法引起我的不安，它只是对我的一种挑战。首先想，然后做。但不要试图用头撞破墙壁，因为本来就有大门。愿望——计划——积极进取——成功，这就是我的座右铭。我是幸福的，因为我知道我能做到自己想做的事情。”

一个乐观主义者相信自身能力并且知道他有能力构建自己的生活，这意味着：

· 他拥有在不同可能性间选择的权利，他能找到替代方案并且能列出不同的选项。

· 由他自己决定追求什么样的目标。

· 他为自身的命运负责，因为他是一个活生生的人而不是傀儡。

成为第一并且保持第一，这意味着如果一个人能满怀乐观地感受到机遇，他就可以不断地努力奋斗进而取得新的成功。

· 乐观的生活态度和专注的精神能够使一个人的品格得到发展。

· 潜意识是你最好的伙伴。

· 乐观主义者知道他要为自身命运负责，而这一点恰恰是他想要抓住的机遇。

内心平和，然后，微笑

成功者知道："我很重要，我在生活中扮演了重要的角色，我是一个有着非凡品格的人。"他还会把这一想法表现出来。这一类型的人显得十分自信，对其行为拥有一种直觉上的安全感。

训练：

两个人同时进入一个房间，其中一个人是胜利者，另一个人则情绪低落。你从什么地方可以分辨出谁是那位胜利者呢？

评判胜利者的关键性因素包括：身体姿态、眼神交流和声音。

一位胜利者往往会表现出自信。

外在表现的每一个因素都很容易受到影响。它们能被每个人有针对性地发掘出来并通过训练达到一种完美的程度。只有15%的行为是由遗传决定的，而剩下85%的行为特质则是受外在环境制约的或者是由习惯形成的。关键在于你拥有什么样的习惯。当一个人真的有所意愿并且坚持不懈地练习时，他就能够自信地言谈并且能表现得信心十足。

乐观主义者了解这其中的关联并因而会重视他的外在表现。“你不会有两次机会做出第一印象。”这句话说得很对，然而遗憾的是，人们似乎必须用它着重提醒一下自己了。我们虽然都知道不应该以貌取人，但还是倾向于按照外表快速地评价某人并进一步与自身做对比。所以第一印象就变得十分重要：衣服、鞋、饰品，这些总体形象以及肢体语言都扮演了重要的角色，因为它们都有助于他人对你的个人品格进行估计。一个人的最初印象可以固定在对方脑海之中并且起到相应的正面和负面效应。在此给你一个好的建议：当你与他人交谈时请保持微笑。

微笑不会有什么损失，但却可以为你开启很多大门！

接下来的另一个因素是声音。声音听起来越是平稳深沉，你的表现就越值得信赖。一种柔和沉稳的语调可以让你更加容易地将每一次谈话导入你所期待的方向中去。请你设想一下，一个人能够听出对方语调中的慌忙与紧张，而这些情绪也能感染到其他人。即使身处困境仍坚信有乐观出路的人会谨慎地选择自己的语调和用词，并且选择一种最恰当的声音。

另一方面也请你训练自己的声音和表达能力，并由此赢得自信心来支持你的乐观期待。重视自己声音的人也同时重视了他的核心品格。你还能通过声音的改变来改进自身的人格结构。

请你习惯于缓慢、清晰、有力的言谈。请时常检查你的语调（例如应用录音设备）以及你声音的音高。在交谈和用电话交流的时候，声音就好比是你的身份证，它传递着你给他人留下的印象。另外，请在打电话时保持微笑，你的谈话对象虽然看不到，但却听得出来！

训练：

请想一想你是如何影响周围同事的：你是否在大多数时候表现得很自信？你是否给人以不安稳的印象并且会阻挠别人？你在打电话时是报上姓名还是自始至终保持匿名？请写出你满怀自信地与他人打交道时的五种行为方式，并记下在你看来急需改善的五种情况：

自信的行为：

____

____

____

____

不自信的行为：

____

____

____

____

一块金刚石毛坯要经过至少四十八面的打磨才能反射出所有颜

色的光线，也只有通过如此这般合理的打磨它才能变得那么光彩照人。它的光芒难道不是其本质属性的一种反应吗？请通过有针对性的训练打磨一下你的品格吧！

请你在接下来的几天里集中精神尽可能表现得安静平和。观察一下周围给你留下自信印象的人，再看一看电视新闻或政论节目中的成功人士，他们都已经对出现在公众面前习以为常了，请学习他们的眼神、动作和声音。请你与自己的潜意识一同协作。比如说在心灵感应的帮助下，你可以采取许多行动来为自己的外在表现增添光辉。请一定要抓住机遇啊！

一位胜利者了解自己的外在表现，他能利用这一点争取下一次的成功。

《世界星期日》曾对所谓的“健康与自信”做出了简要论证：“自信的人更健康，寿命也更长。”这是一篇文章的标题，其主题是一项来自于美国的科学研究。这项研究让154名男女对其个人价值做出评价：“那些自信的人把自己评价为重要的、成功的以及有能力的人。研究还表明，自信与更为健康的生活方式、乐观的心态、强大的社会支持以及长寿等因素密切相关。”

你的外在表现越是积极而且自信心强烈，你就越能健康地生活，而且获取成功也就越发容易。你的生活会因此变得更加幸福美满。幸福和成功之间存在着紧密的联系：

仅仅依靠成功无法创造幸福，但缺少成功则根本不会幸福。

自信的人不难成为幸福和成功的人：

· 他信任自己，相信眼前的可能性。

· 他很享受自己成功以及使他人成功的感觉。

· 他有能力认清机遇并将其转化为成功。

· 他能运用自身力量将不幸的状态转变为幸福的状态。

· 他能实现愿望和目标。

· 他能充分运用天赋在生活中取得成功并能主动地塑造自我。

· 他很享受成功。因为只要一获得成功，大脑中就会产生一种叫作内啡肽的幸福荷尔蒙。

· 他具有高度的感染力并能向周围人传播“幸福杆菌”。

如果有人在你的附近，那么你此时的传染力度能有多大？

·微笑不会有什么损失，但却可以为你开启一些大门。

·一位胜利者了解自己的外在表现，他能利用这一点争取下一次的成功。

·人们无法仅仅依靠成功来创造幸福，但缺少了成功则根本不会幸福。

今天种下苹果树，不会明天就结果实

你可以做出决定，是让自己的命运被恐惧所左右，还是让它被你的愿望所支配，是仅仅满足于获得某一天突如其来的事情所带来的收益，还是想要有意识地通过计划和操控而取得成功。如果你还想继续在成功之路上前行，就必须持续不断地优化那些能够催生出成功的各种因素。

· 目标明确

· 力量和能力

· 时间

· 克服内在的阻力

· 克服外在的阻力

如果你能学会正确地处理这些决定性因素并且接受它们对你行为偏好的影响，你就能够主动且成功地构建出自己的生活并一个又一个地实现所期待的目标。处理这些因素的前提条件是你首先要认识到隐藏在这些概念下面的含义。

目标明确（Z）：你完全知道自己想要的是什么!

你能通过有针对性地分析自己的愿望和梦想而做到这一点。愿望是人内心的财富，它们并非来自于智慧，而是源于灵魂。能洞悉自身愿望的人也同样能够认清自己。将愿望设置为未来生活的具体目标的乐观主义者，能够在内心达到高度的自由与自主，因为这一切与源于自身的目标息息相关，所以人们才能唤醒最大的内在动力去实现它们。

自由且自信的乐观主义者拥有的并不是一种浪漫主义的白日梦，而是从其观点和愿望中为未来而总结出来的面向实际的目标。这使他与“梦想舞蹈家”有着本质区别：他不仅知道自己的愿望是什么（理论），还能说出想要达到什么样的具体目标（实践）。

力量和能力（K）：他完全清楚自己的能力。

想要有所行动或达到某一目的的人需要拥有相应的能量。没有能量就无法行动。最重要的力量源泉是你的身体，所以你应该着重保持一种更加充足奔放的活力。要是能为将来可能的应用而逐步增加力量就更好了。要是你不提前进行能量储备的话，经常出现的无法预料的阻力和挫折就能将你轻易地抛出人生轨道。

不断装载能量储备的最佳方法就是进行思想锻炼。在阿尔法状态下通往潜意识的大门将会敞开，而从前不为己所知的能量也会被释放出来。在放松的状态下自信能够得以生长。你还可以增强内心的确定性信念，即你能做到真正想做的事情，而这种确定性信念有能力使你获得达成目标所必需的成绩。

时间（t）：你知道成功不是一夜之间取得的，而是需要一定的时间。

每一次的成功都需要一个时间上的过程。一片阿司匹林得在十分钟以后才会产生药效。你同样也不能盼望今天刚种下的苹果树在下一周就结出果实。一心忙于奔向成功的“成功狂”往往会忽视微小的警报信号并进而一下子钻进死胡同里。那些能在通往目标的道路上充分利用时间且保持平心静气的人则能避免刻意犯下错误，他们可以更加迅速地发觉小小的失误并将其彻底改正剔除。

当你按照步骤行事时，你就可以更好地分配自身能量，并能避免在即将达成目标之前因缺乏能量而不得不放弃的危险。成功正是通过目标的达成而体现出来的，只要你能一步步独立自主地不断接近目标，就能成为最终的胜利者！

克服内在与外在的阻力（Wi，Wa）：你知道，只要你真心想要做某事，就有能力做成并且终将做成这件事。

你知道自身具备的充足能量能保证你成功地与内外阻力进行斗争。然而你是否清楚，在和大多数的阻力斗争中，你浪费了许多不必要的能量？

内心中的大多数阻力属于不安定因素和障碍。有效清除它们的最佳方案是用一种自信的表现来代替它们。你可以通过改变声音的训练轻而易举地获得一种内心安稳的状态：“想要取得成功的人必须掌握言谈的技巧，并使其语音语调透露出绝对的安稳。”声音来自于内心，它能反映出你内心的样子。如果你的言谈体现出一种安稳的感觉，自信心也自然会随之得到增强。这样一来，你就不会在与自身的斗争中浪费能量了，而是能将注意力更多地集中在外界的障碍之上。

已经克服了内心阻力的乐观主义者能一下子具备一种巨大的潜能和崭新的创造力。他可以运用这种潜能和创造力成功地克服不可避免的外界障碍。当下的内在阻力越少，战胜外在阻力就越容易。

在此我们简要地总结一下：你越是能明确地认识目标并能清楚地意识到自身具备的力量和时间，你内在和外在的阻力就会变得越发的微不足道。如果我们用促进性因素和阻碍性因素的商来表示成功方程式的话，其形式如下：

$$\frac{Z+K+t}{Wi+Wa}=\text{成功}$$

成功是在内外阻力下运用时间与能量达成目标的能力。

这一成功方程式是普遍适用的。它既可以应用于微小的计划，也可以应用于本质性的生活目标。使用此方程式可以激发出你内心中意识和潜意识层面的能量，并且使其自发地与你在前进道路上遇到的环境和人发生紧密联系。

目标明确以及意识到时间的必要性能使今天的我们为明天做好生活上的准备。对未来抱有具体梦想的人将会获得完全性的冥想体验：潜意识将检验一切的可能性，我们对可以做到之事的直觉和辨别能力也会得到相应的增长。可以这么说，我是借助自我实现的预言来工作的。

这一方程式可以赋予你勇气，通过积极的思想和乐观的态度去克服生活中的消极影响。请你战胜怀疑和悲观，也请你意识到自身不但具备明确的目标、力量和时间这些重要的因素，而且还能主动且有意识地应用它们，在其帮助之下你能做到所有你想做的事情。

·明确目标、有意识地运用能量、耐心地与时间打交道，这些都是成功最重要的前提条件。

·成功是通过目标的达成体现出来的，所以请你一定要坚持下去。

·成功是在内外阻力下运用时间与能量达成目标的能力。

有很多东西要学习，但首先是学会学习

在这一章里我们要再一次总结一下在前面章节中出现的重要例句以及那些“钻石”。请你在最符合你情况的句子下画线，并且每隔几天就把它们当作增强你潜意识能力的有力工具来加以利用。

此时此刻我们还想向你介绍一下“通往成功的十四个基本步骤”。请你静下心来思考每一个要点，它们可以有力地支持你并能将先前所引用的句子以及“生活的基本法则”具体化。也许你还有时间更加深入地探讨其中某一个或其他一些有意思的陈述：

通往成功的十四个基础步骤：

1. 请你首先学会“学习”

学习能提高你在生活中成功的机会。因为生活就意味着学习。

2. 请你对自己多加重视

要这样想：你的身体是一座神庙，所以得照顾好自己，还要多注意自己在他人心目中的形象——不要试图对牛弹琴。

3. 请保持精神上的清醒并且抓住一切机会

4. 请做一个具有高贵品格的人

请你多进行自我评价并按照自我意愿去抉择。拥有乐观积极思想的人有责任维护自己的良知。请你选择一条正确的道路并且相信自己健康的理性以及内心的声音。

5. 请坚信自己有能力取得成功

让你内心中具有最高创造能力的能量发挥作用。请利用积极思想的力量来塑造生活。

6. 请你理性地行动

生命是短暂的，所以请不要浪费时间并且要对一切事情都全力以赴。

7. 请你彻底思考之后再行动

成功的艺术在一定程度上就是避免犯错误。请思考以下公式：正确的行为=成功；错误的行为=失败。在做重要的决定时不要匆忙行事，而是要先好好地睡上一晚。

8. 请不断尝试更加简洁、更加出色和更加完美的行动

没有任何东西是如此美好和完满的，以至于它不能再变得更好了。它无论如何都能被挖掘出更多优点。

9. 请追求一个具体的目标

如果你能按照计划正确合理地行动，那么你每一天都能更进一步。精神上最高的目标就是展现出你的品格。

10. 请你不要生气也不要焦虑

乐观主义者认为发怒、生气或者焦虑都是不值得的。如果你生气的话，你的生活就会走下坡路。请你不要那么做!

11. 请热心对待他人并且做一个对别人有益的人

请考虑到你对家庭、朋友和周边环境应尽的义务。如果有人对你不公，也请宽恕他们。请你多关注他人的品格状况。真正伟大的人有能力容忍身边其他伟大的人。

12. 请你对他人一直保持友好

如果你无法得到某物，就不要再去涉足它，应该让“每一个人都有机会得到他的战利品”。

13. 请注意与他人保持一定的距离，从而保证自己的独立自主

坚定的决心能够为你赢得广泛的影响力。请你表现得自信一些。顾虑仅仅是思维逻辑混乱的结果。

14. 请你利用进化所带来的力量

自从宇宙大爆炸开始，一切生命都在不断地向更高等级进化。这一过程并没有任何上限，对于你同样如此。

重要的句子以及成功方案：

·成功不是停滞不前，不是天上掉馅饼，也不是偶然，而是人一辈子成长历程的体现。

·人永远处于成功的核心位置。

·我只能在同一时间内对一种思想进行思考，而这一思想究竟是积极的还是消极的是由我本人来决定的。

·如果你确实有意于某事，即便那是童话都会成真。

·相信某事成功与相信其具有实现的可能性及其目标能够达成是一回事。

·除了人类能改变自己以外，没有任何事物有能力改变自身。

·拥有爱心之人也拥有充裕的乐观和勇气。

·专注是对思想能量的凝结。

·谁把一块石头扔进水中，谁就能改变大海的样子。

·爱能利用“纯粹培养法”制造出积极乐观的思想。爱是成功的主要原因。

·乐观主义者才是实质上的现实主义者，因为他们总是能发现机遇。

·我们拥有潜意识。我们应该充分利用潜意识。

· 精神可以通过书写的方式转化为物质。

· 阿尔法状态是你获取成功的一把钥匙。

· 感觉和理智的交锋总是以感觉获胜而告终。

· 我们的精神无比明智，人们必须求助于它。

· 那些立足于自身且拥有核心的人才能在这个时代的忙忙碌碌中成长起来。

· 一个认识到自己独一无二的特性并认可自身身份的人，必定是一个内心平稳且能承受住压力的人。

· 没有思考过未来的人就不能拥有未来。

· 每一种天赋只有在实际中得到证实才能被充分展现出来。

· 努力面对外部环境的人能够实现自身的可能性。

· 请你认识到自己想要成功的决心比其他任何事情都重要。

· 每一个燃烧的火焰都能点燃其他的火把。

· 兴奋是你开启大门的钥匙。

· 每个人都有可能开始做某件事，然而只有凭借坚持不懈的精神他才能成为一位王者。

· 不能达到目标总是比没有目标要好一些。

· 幽默是帮助我们克服困境的力量。

· 没有什么可以取代胜利。

· 潜意识是你最好的合作伙伴。

· 如果有人在你的附近，那么你此时的传染力度能有多大？

· 成功是在内外阻力下运用时间与能量，达成目标的能力。

· 明确目标、有意识地运用能量、耐心地与时间打交道，这些都是成功最重要的前提条件。

重新测试：你是一位乐观主义者吗

在你集中精神通读本书并且对乐观、成功、有效的生活计划以及你自身有所认识之后，我们还建议你再做一次导论中的那项测试。你将发现一切都有所改变并会为此而惊奇不已！

请你浏览下面这些陈述并立即给符合或不符合你实际情况的选项做出标记。你的回答越迅速，测试结果就越准确。

测试：你是一位乐观主义者吗？你是通过什么样的眼睛来观察世界的？

	符合	不符合
大多数人对我很友善。	◯	◯

（续表）

我对自己无法施加影响的事情（灾难、死亡、天气等）并不担忧。	○	○
与“不”相比，我更经常说“是”。	○	○
人们很难能让我丧失勇气。	○	○
我相信世上的善。	○	○
我不一定非得做到完美。	○	○
我能够开怀大笑。	○	○
我今天夸奖了自己。	○	○
我很少去想失败，而是更多地思考成功。	○	○
我常常情绪很好，而且精神振奋。	○	○
我能很好地集中精神。	○	○
我接受他人的恭维，并为此感到高兴。	○	○
我相信一切都将朝好的方向发展。	○	○
我感到精力旺盛、身体健康。	○	○
我运气不错，或者说我是一个幸运儿。	○	○
艰难险阻激发出我的斗志，我的意志非常坚定。	○	○
我的未来将变得美好。	○	○
我能给予其他人勇气。	○	○
小小的不幸不会毁掉一整天。	○	○
我很少批评他人。	○	○
我很勇敢。	○	○
我的成功是依靠自己获得的。	○	○

（续表）

我有许多积极的品格。	○	○
我不会被眼前的障碍阻挡住。	○	○
我相信，成功是一条自然而然的发展之路。	○	○
成功不是一种偶然。	○	○
有许多事情是我第二天所期待的。	○	○
我很少抱怨。	○	○
我拥有对过去美好的回忆。	○	○
只要努力奋斗，我总是能够解决困难的问题。	○	○
我的朋友认为我是一个讨人喜欢、态度积极的人。	○	○
我能清楚地预料到经常会发生的事情。	○	○

评价：请参见导论部分。

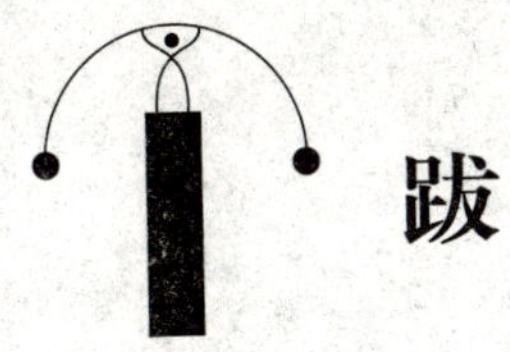

跋

“仅仅知道一个道理是不够的，人们还必须运用它；仅仅有所意愿是不够的，人们还必须有所行动。”

——约翰·沃尔夫冈·歌德

你已经认识到了，哪怕只是一个小小的思想火苗也能引发一场熊熊大火。我们的训练应该能够将你的专注力、耐力、动力、勇气和兴奋度提升到最高水平，从而使你成为一个成功的乐观主义者。

现在轮到你了，我亲爱的读者。你接下来还需要做些什么呢？

每一个人都必须走他自己的道路，为他自己的目标而奋斗。请你将自身的知识和愿望转变为行动，并且创造出属于自己的可供实践的理论和获取成功的方案！如果不是由你自己来确定生活的航线，那就是另外一回事儿了！请你自己决定应该在生活中获得什么样的成功并尽可能快地采取行动。每一份天赋只有通过在实践中得到证实才能进一步发展。所以请你充分运用天赋去取得成功吧！

你最好立即列出一个品格培养计划（你当然可以随时做出改动）！重要的是你要迈出第一步并开始自行规划人生。请在手头准备一个未来文件夹，然后往其中夹入几张白纸。你可以把以下问题写到每张纸上并立即作答：

接下来的一年最重要的目标是什么？

为了进一步接近这一目标，本月还有哪些最重要的事情要做？

什么时候开始做？

我今天做了什么？

明天最重要的任务是什么？

到下个月的月末我应该达成什么样的中期目标？

请你在每个月的月末检验一下自己是否达成了这一中期目标，并决定接下来还应该启动哪一步骤，这一点非常重要。

利用以上提到的计划，通过经常性的阿尔法状态训练并保持乐观的生活态度，你一定能够达到所有想要达到的目标。

请你拥有自己的愿望——像一位世界冠军那样制订计划——勇敢地做出一切尝试。